JN036338

3

水辺を守る
─湿地の保全管理と再生─

日本湿地学会［監修］

高田雅之・朝岡幸彦［編集代表］

太田貴大・大畑孝二・佐伯いく代・富田啓介
藤村善安・皆川朋子・矢崎友嗣・山田浩之［編集］

朝倉書店

【カバー表】
ウトナイ湖（撮影：大畑孝二）

【カバー裏】上から順に
・新緑に囲まれたため池（撮影：富田啓介）
・渡良瀬遊水地（撮影：高田雅之）
・アンザリ湿原の釣り人（提供：青木智男）
・エゾカンゾウ（撮影：高田雅之）
・イランのアンザリ湿原（提供：青木智男）
・ヒシクイ（撮影：大畑孝二）

巻　頭　言

　日本湿地学会監修の第2弾の企画として，『図説 日本の湿地』（2017）に続き，シリーズ〈水辺に暮らすSDGs〉全3巻を発行することとなりました．第1巻『水辺を知る─湿地と地球・地域─』，第2巻『水辺を活かす─人のための湿地の活用─』，第3巻『水辺を守る─湿地の保全管理と再生─』というシリーズですが，本巻はその第3巻となります．

　2022年12月に生物多様性COP15（生物多様性条約第15回締約国会議）がカナダのモントリオールで開催され，新たな目標「昆明・モントリオール目標」が採択されました．目標には23の項目が盛り込まれ，世界全体で陸地と海のそれぞれ30％以上を保全地域にする「30by30」，外来種の侵入を少なくとも50％削減すること，生物の遺伝情報の利用で得られる利益を公平に配分すること，などが盛り込まれています．昆明・モントリオール目標は2010年に制定された「愛知目標」の後継目標であり，私たち湿地保全にかかわる人々の大きな目標となっていくと思われます．

　特に30by30はそれを進めるための政策としてOECM（Other Effective area-based Conservation Measures：保護地域以外で生物多様性保全に資する地域）として「自然共生サイト（仮称）」の指定が2023年度から始まりますが，湿地は陸域と海域の境界に位置することも多く，これまで保護地域として指定されていない湿地もその対象となる可能性があり，湿地保全をさらに進めるものと期待しております．

　また，気候変動の影響は今後本格的に表れるものと予測され，水温や気温の上昇による生態系の変化，高潮や洪水などの災害規模の増大なども懸念されます．湿地はこのような気候変動の影響を受けるとともに，災害を防止する機能ももっていますので，これらについて，きっちりとモニタリングをしながら，それらに慎重に対処していく必要があります．

　本巻では第1・2章で湿地生態系の保全と再生を，第3〜7章で湿地の調査手法について掲載しております．第1・2章はこれまでの湿地の保全管理再生について，ハード面，ソフト面を含めた俯瞰的な記述とともに事例を通して内外の

知見が取りまとめられています.また第3〜7章は湿地調査の物理化学生物的調査とともに社会調査の手法,さらにドローンや環境 DNA などの最新の調査手法にも言及しております.

　以上のように本巻は COP15,OECM,気候変動などの新たな動きに対応しようとする湿地保全にかかわる皆様の基礎的な知識,湿地保全を発展させるためのヒントがふんだんに含まれておりますので,ぜひお手にとってご覧ください.

　2023 年 3 月

前日本湿地学会会長　島 谷 幸 宏

【監修】

日本湿地学会

【編集代表】

高田　雅之　法政大学

朝岡　幸彦　東京農工大学

【編集委員】 (五十音順. *は編集幹事. [　] は編集担当章)

太田　貴大　大阪大学 ［第5章］

大畑　孝二*　日本野鳥の会

佐伯いく代　筑波大学 ［第1章］

富田　啓介　愛知学院大学 ［第6章］

藤村　善安　日本工営株式会社 ［第3章］

皆川　朋子　熊本大学 ［第2章］

矢崎　友嗣　明治大学 ［第4章］

山田　浩之　北海道大学 ［第7章］

【執筆者】 (五十音順)

青木　智男　日本工営株式会社

縣　　聡　滋賀県

朝岡　幸彦　東京農工大学

一柳　英隆　熊本県立大学

岩浅　有記　大正大学

上嶋　鉄也　滋賀県

浦中　秀人　志摩ネイチャー倶楽部

太田　貴大　大阪大学

大畑　孝二　日本野鳥の会

尾山　洋一　釧路市教育委員会

片山　大輔　滋賀県

加藤ゆき恵　釧路市立博物館

呉地　正行　日本雁を保護する会

国分　秀樹　三重県

佐伯いく代　筑波大学

佐川　志朗　兵庫県立大学

澤　　祐　介	山階鳥類研究所	
島　谷　幸　宏	熊本県立大学	
高　田　雅　之	法政大学	
土　居　秀　幸	京都大学	
富　田　啓　介	愛知学院大学	
中　島　　淳	福岡県保健環境研究所	
中　村　玲　子	ラムサールセンター	
贄　　元　洋	豊橋市文化財センター	
原　田　　修	日本野鳥の会	
藤　村　善　安	日本工営株式会社	

堀　本　　宏	キウシト湿原・登別
三　上　直　之	北海道大学
皆　川　朋　子	熊本大学
森　本　幸　裕	京都大学名誉教授
矢　崎　友　嗣	明治大学
矢　部　和　夫	札幌市立大学名誉教授
山　下　博　美	立命館アジア太平洋大学
山　田　浩　之	北海道大学
吉　田　　磨	酪農学園大学
渡　辺　　仁	東京生物多様性センター

（所属は 2023 年 3 月現在）

目　　次

本書をさらに深く学ぶため，図表，写真等をデジタル付録として
用意しております（本文中では〈e〉図 1.1 等と表示）．朝倉書店ウ
ェブサイトへアクセスしご覧ください．右の QR コードからもア
クセスできます．なお，具体的な動作環境等はデジタル付録内の
注意事項にてご確認ください．

序章

水辺を守るために

1 SDGs に掲げた共通の未来

2015 年の国連総会で「持続可能な開発のための 2030 アジェンダ」が決議され，人類が直面する課題に対して SDGs（持続可能な開発目標）と称する 17 の目標，169 のターゲット，232 の指標が掲げられた．2030 年までに持続可能な社会を達成することを目指した 17 の目標は，ウェディングケーキ・モデル（1巻序章参照）と呼ばれる「経済」，「社会」，「環境」の 3 層構造で多くの人に理解され，私たちの暮らしをはじめすべての活動が依存する基盤として「環境」が位置づけられている．具体的には目標 6「安全な水とトイレを世界中に」，目標 13「気候変動に具体的な対策を」，目標 14「海の豊かさを守ろう」，目標 15「陸の豊かさも守ろう」の 4 つが含まれる．

SDGs の各目標は独立して林立するものではなく，相互に緊密に関連し合って，全体としてより大きく統合して実現しようとする点が，SDGs の前身であるミレニアム開発目標（MDGs）などと異なる特徴である．それによって各目標間に存在するトレードオフ（両立できない関係）を，英知をもって解消してシナジー（相乗効果）に変えようというものである．また目標達成に向けた責任は各国にあるとしながら，その推進力は地域社会，地方自治体，市民活動，そして企業であり，それらが連携して地域発の流れを生むことが重要視されている．さらに次の世代への責任とともに，次世代を担う人々の意思と関わりも，共通の未来を実現する過程での大きな鍵といえる．

環境問題の 1 つである生物多様性に関しては，生物多様性条約 COP15（2022年 12 月）において愛知目標の後継目標として「昆明・モントリオール生物多様性枠組」が採択されたとともに，世界経済フォーラム（WEF）が毎年公表しているグローバルリスク報告書で近年上位にあげられ続けるなど，社会・経済との関わりへの認識が年々深まっている．日本では 2016 年に政府が SDGs 推進本

部を設置し，SDGs 実施指針[1] を策定したが，そこで掲げられた 8 つの優先課題の 1 つに「生物多様性，森林，海洋等の環境の保全」がある．

　その一方で SDGs の達成状況を計測する指標として用いられている「SDGs インデックスとダッシュボード 2021」[2] によると，目標 13〜15 の評価は芳しくなく，17 の目標でこの 3 つだけが停滞または後退しており，達成度を計るために選ばれた 119 の指標の中で，主要な課題としてあげられた 20 項目のうち，この 3 目標に関するものが 11 項目を占めている現状にある．この状況は 2022 年の報告でも同様である．これらのことを念頭に，第 3 巻では，SDGs と水辺（湿地）との関係を主として自然科学の視座から論じている．

2　SDGs と水辺（湿地）

　水辺（湿地）は SDGs を通して持続可能な社会を実現する上で大きな鍵を握っている．人と自然との共生を測るリトマス試験紙といってもいいだろう．その理由は，水辺（湿地）は湖沼・河川・干潟・湿原・水田・ため池・サンゴ礁・マングローブ林など多彩な形態をとり，それぞれにおいて人間の生存に欠かせない水資源・水産物・農産物・観光資源・防災機能・健康や福祉・教育・文化芸術・コミュニティの場など，多大な恩恵（サービス）を私たちに提供しているからである．同時に独特の生態系と生物相をもち，地球の生物多様性を支える重要な場であり，これらがともに調和し存在することが持続可能な社会の成否を握る．その際，「水」つまり質と量だけに着目するのではなく，人と生物と物理環境のつながりとして，さらには流域や景観を含む空間として俯瞰的視点から水辺（湿地）をとりまく全体をとらえることが大事である．

　このことは個々の目標に主眼を置きつつ，他の目標との関係性を視野に入れて実現を目指す SDGs そのものの視点といえる．すなわち人と水辺（湿地）の共存を各地で実現することが，例えば防災と地域経済と希少生物保護を同時に成り立たせるなど，多様なサービス（機能と効用）を同時に発揮することにつながる．そして水辺（湿地）との共生を目指すプロセスそのものが，先に述べた国単位の目標である SDGs を現場から実践することでもある．

　具体的に，前節であげた基盤たる「環境」に関する 4 つの目標／ターゲットと湿地との関わりを概観すると，目標 6（安全な水等）では湿地は人間の生存

に欠かせない水の供給源であり，質と量を制御する場である．ターゲット 6.4
では淡水の持続可能な供給が，6.6 では湿地・河川・湖沼等の生態系の保護・
回復が掲げられている．目標 13（気候変動）では，泥炭地やサンゴ礁，湿地林，
浅海域などは炭素の吸収・蓄積源であり，氾濫原や低湿地，池沼などは洪水等
の影響を緩和する作用を果たす．これはターゲット 13.1 の気候関連災害や自然
災害に対する強靱性（レジリエンス）と適応能力の強化と直接関わるものであ
る．また目標 14〜15 は水辺（湿地）の生態系そのものであり，生物多様性の保
全はもちろんのこと，前述の機能と効用を持続的に発揮することで成り立つ私
たちの暮らしと社会活動の基盤である．関連ターゲットには資源管理やサービ
スの保全と回復など湿地の持続可能な利用に関わるものが複数あげられている．

　今私たちはかつてない環境危機に直面しており，感染症の脅威を含めて自然
とのバランスを取り返しのつかないほどに脅かしつつある．環境の視点から経
済や社会を考え，同時に経済や社会の視点から環境を考え，そしてそれらが調
和するように変革をしていくことが限られた時間の中で人類に課されている．
では世界と日本の水辺（湿地）は今どんな状況にあるのだろうか．

3　水辺（湿地）の現状

　湿地の保全と賢明な利用（ワイズユース）を目的としたラムサール条約の事
務局がまとめた世界の湿地概況（"*Global Wetland Outlook*"）[3] では，世界の湿
地面積は陸地面積の約 3％を占め，1975〜2015 年の 40 年間で約 35％の湿地が
失われ，残された湿地も劣化傾向が続いているとしている．また，湿地は地球
の水循環を維持する役割を果たし，中でも泥炭地は大気中の炭素の 4 分の 3，
世界の森林の 2 倍の炭素をたくわえる地球最大級の炭素貯蔵庫とも述べてい
る．国連環境計画（UNEP）が地球資源データベースを扱う Grid-Arendal とと
もに 2017 年にまとめた "*Smoke on Water*"[4] や，2020 年の "*World Water De-
velopment Report*"[5] において同様の現状と湿地がもつ潜在的な機能と役割につ
いて明らかにするなど，国際レベルの認識と同時に危機感が高まっている．

　水辺（湿地）に依存する生物種についてみると，世界自然保護基金（WWF）
による "*Living Planet Report 2020*"[6] では淡水生物のほぼ 3 分の 1 が絶滅の危
機に瀕し，すべての分類群において陸上生物に比べて絶滅のリスクが高いとし

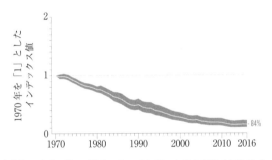

図1　淡水生物のリビング・プラネット・インデックスの変化（文献6）を一部改変）
注：濃い部分は信頼区間を示す.

ている．1970年から2016年の間に淡水生物の豊かさは著しく減少し，減少率
は84％と，生態系劣化の現状に驚かされるばかりである（図1）．その原因は人
間活動であることは論をまたない．

　日本の水辺（湿地）の現状について，環境省生物多様性総合評価検討委員会
が2010年にまとめた「生物多様性総合評価報告書」[7]では，湿原は1900年頃か
ら61％が，干潟は1945年から41％が消滅したほか，人工化された河岸・湖岸・
海岸の割合がそれぞれ24％，43％，46％といずれも減少が著しい．また2001
年に環境省が公表した日本の重要湿地500を対象とした現状分析の結果，概ね
半数以上の湿地がその後悪化傾向にあるとされている[8]．

　水辺（湿地）の生物種について，日本では包括的な現状評価はなされていない
が，筆者が以前北海道の植物分布情報を用いて湿地に生育する種とそうでない
種を便宜的に分けて比較した結果，湿地生育種の方が絶滅危惧種の割合が高い
傾向を示したことがある（未発表）．水辺（湿地）は多様な形態をとり，1つにま
とめて評価するのは容易ではないが，消失などの環境変化に関する指標や，生物
種の動向について，何らかの現状評価とモニタリングは今後欠かせないだろう．

4　水辺（湿地）の保全と再生

　水辺（湿地）には実に様々なタイプ（構造）があり，人の関わり方（利用）
が多様で，人や生物に対して多彩な効用（機能）をもたらし，その組み合わせ
は無限といえる．そしてそれぞれにその土地の特性と関わる伝統や知恵が息づ
いている．今このとき，保全や再生が求められる水辺（湿地）は数多くあるが，

個々のもつ自然特性や人との関わりに応じて，何を効用として引き出し，どのように持続させていくかを考え実行するかが，現代に生きる私たちに課せられている．日本は多様な水辺（湿地）と関わり，共生の知恵を培ってきた歴史をもつ国ともいえるだろう．

このような水辺（湿地）を含む生物多様性をめぐる国内外の動きが昨今加速している．生物多様性条約のポスト2020の新たな枠組みでは，いくつかのターゲットにおいて，水辺の生態系の回復と持続的な管理，水辺から受ける便益の確保，汚染の防止，都市の湿地の重要性などが掲げられている．これを具体的に実現する目標やメカニズムについて政治・経済・社会の各レベルにおいて共有が進められている．本書2.1.2項で詳述しているように，2030年までに陸域と海域の30％以上を保全する"30by30"目標[9]や，それを実現するためのOECM（Other Effective area-based Conservation Measures：保護地域以外で生物多様性保全に資する地域）などが取り組まれている．OECMは我が国の水辺（湿地）において地道に続けられてきた地域保全活動がその対象になりうると期待される．またTNFD（Task Force for Nature-related Financial Disclosures：自然関連財務情報開示タスクフォース）と称する，企業・金融機関による情報開示の枠組み構築も国際的に進められている．これらのネイチャーポジティブ（生物多様性への影響をゼロにするのではなくプラスに増やす）の流れ，さらに国際自然保護連合（IUCN）が提唱するNbS（Nature-based Solutions：自然に根ざした解決策）や，気候変動と関わるブルーカーボン（沿岸域によるCO_2吸収）も注目から実践の段階に進んでいる．

2021年にドイツ政府は国家泥炭地保護戦略を発表し，泥炭地の復元により土壌に炭素をたくわえる政策を進めることを明らかにした．英国でも泥炭地の再湿地化（rewetting）を進め，湿地を利用した農業（paludiculture）の支援計画を発表した．英国では排水した農業泥炭地の地下水の水位を上げることで温室効果ガスの排出を削減できるとの報告もある[10]．これらは脱炭素と関わる動きである．

このような生物多様性や脱炭素，加えて循環経済，脱プラスチックなどに向かって目まぐるしく世界は動き始めている．冒頭に述べたSDGsのウェディングケーキ・モデルの基盤を揺るがないものにする胎動といえるだろう．それらの動きに翻弄されることなく，それぞれの地域の目線で，ステークホルダー（利

害関係者）がともに手を携えて水辺（湿地）の保全管理や再生活動を着実に実践し，そのプロセスで様々な恵み（サービス）を引き出し持続させていくことが，まさしくSDGs実現の礎であろう．そのことを，次世代を担う者をはじめとする多くの人に理解し認識してもらい，水辺（湿地）の現場からSDGsを考え実践に生かす書として本シリーズ〈水辺に暮らすSDGs〉をまとめた．1～3巻は地球と地域のつながり，経済や文化等の活用，保全管理と再生にそれぞれ焦点を当てている．第3巻である本書では，フィールドにおける調査・計測・分析と，それに基づく保全と管理，そして再生と，主として自然科学の視点からできること，考慮すべきことなどを，解説と事例をもとに実践的に論じている．限られた紙面に盛りだくさんの記事が並び，個々には必ずしも十分に語り尽くせてはいないが，保全管理と再生に向けた入口または引出しのラインナップとして関心をもつ契機，または実践の参考やヒントとなれば幸いである．なお湿地の基礎としてあわせて『図説 日本の湿地』（朝倉書店）もご参照願いたい．

　1～3巻を眺めていただいておわかりのように，日本湿地学会がカバーする領域はとても広い．そこに経験知や伝統知を生かしながら，実践科学や市民科学を含むサイエンスがどのような役割を果たしていけるのか，そのポテンシャルは決して小さくないと確信する．　　　　　　　　　〔高田雅之・朝岡幸彦〕

引用文献

1) SDGs 推進本部（2019）：SDGs 実施指針改定版.
2) Sachs, J.D. *et al.*（2021）：*Sustainable Development Report 2021*, Cambridge University Press.
3) Convention on Wetlands（2018）：Global Wetland Outlook：Special Edition 2021, Secretariat of the Convention on Wetlands.
4) Crump, J. (Ed.)（2017）：Smoke on Water, UNEP, Grid-Arendal.
5) UNESCO（2020）：The United Nations World Water Development Report.
6) WWF（2020）：Living Planet Report 2020.
7) 環境省生物多様性総合評価検討委員会（2010）：生物多様性総合評価報告書.
8) 木村吉寿（2017）：『生物多様性の観点から重要度の高い湿地』について，湿地研究，**7**, 41-43.
9) 生物多様性国家戦略関係省庁連絡会議（2022）：30by30 ロードマップ.
10) Evans, C.D. *et al.*（2021）：Overriding water table control on managed peatland greenhouse gas emissions, *Nature*, **593**, 548-552.

参考文献

・日本湿地学会監修（2017）：図説 日本の湿地―人と自然と多様な水辺, 朝倉書店.

第1章

湿地の保全と管理

1.1 モニタリングと順応的管理

1.1.1 湿地におけるモニタリングの重要性と順応的管理

　湿地は，水，土壌，動物，植物など多様な要素から構成され，かつ，湿地の周辺の生態系と密接なつながりをもっている．湿地を構成するシステムは複雑であり，すべてを理解することは難しい．そのため，湿地の保全や復元活動には，大きな不確実性が伴う．この不確実性に対処し，目標とする状態に湿地を維持していくために必要な活動がモニタリング（monitoring）である．モニタリングとは，一定の周期で，対象とする生態系の状態を科学的に記録し，得られたデータを目標値と比較することで，意思決定に活用していくことである．

　モニタリングを行う前提として，保全・復元活動の目標を具体的に定めておく必要がある．目標はできるだけ客観的でわかりやすく，湿地に関わるステークホルダー（関係者）の間で合意の得られたものが望ましい．目標は1つとは限らず，複数の項目にまたがっていて構わない．例えば，水質，景観，指標生物の生育・生息状況に加え，水質の浄化作用の強さといった湿地に期待する機能なども目標とすることが可能である．

　しかし実際の現場では，必ずしも予測通りに湿地が維持されるとは限らない．そこで，定期的にデータをとり，活動の成果を評価し，うまくいかない点があれば柔軟に活動内容を変更していくことが重要となる．これを，順応的管理（adaptive management）と呼ぶ．2005年に発表された自然再生事業指針では，順応的管理を進めるにあたり，透明性の確保，予防原則，評価可能な具体目標の設置，予測の不確実性の程度の開示，モニタリングによる検証，および仮説の誤りがあった場合の是正，などが重要とされている[1]．また，モニタリングにおいては，保全・復元活動を始める前に計画が立てられていること，指標が適切であること，継続性があること，比較ができるデザインとなっていること，

生物に関しては繁殖など重要な生活ステージを含めることなどが推奨されている[2]．

1.1.2　モニタリングの事例

a.　環境省モニタリングサイト1000

　環境省は，2003年より重要生態系監視地域モニタリング推進事業（モニタリングサイト1000）というモニタリング事業を行っている[3]．この事業では，日本全体を網羅するように高山，森林，草原，里山など多岐にわたる生態系が対象とされている．これらには，干潟や湖沼・湿原，藻場といった湿地が含まれており，広域での湿地環境の変化をとらえるためのデータが蓄積されている．本活動には，専門家だけでなく，NPOや市民ボランティア等，多様な主体が参加しており，このことは，継続性の確保や，地域主体の活動の推進につながっている．モニタリングサイト1000による成果は，インターネットで公開されている．例えば，陸水域（湖沼・湿原）のモニタリング調査のページをみてみると，毎年度の報告のほか，これまでの傾向をまとめた報告書が公開されている．2009～2017年度版の報告書では，一部のサイトで乾燥化の指標となるササの増加や，ニホンジカによる湿原植生への影響などが示されており，長期調査から見いだされた自然の変化を知ることができる[4]．

b.　非在来種の除伐とモニタリング

　モニタリングサイト1000は日本全体を対象としたモニタリング活動であるが，湿地の保全や復元を進める際には，1つ1つの湿地について個別にモニタリングを行うことが多い．こうした小規模な活動の事例として，岐阜県中津川市における希少植物の復元活動の事例を紹介する．当市には湧水湿地と呼ばれる，泥炭の堆積のない特異な湿地群が分布する．湿地は1haに満たない小規模なものが多いが，東海丘陵要素と呼ばれる希少植物の貴重な生育地となっている．しかし，1970年代にスギやヒノキが植栽された場所が多く，被陰によって在来植物の生育に影響を与えることが懸念されている．そこで，市内の湿地の1つを対象として，所有者らとともに植栽木を除伐し，その後の植生の変化をモニタリングする活動が行われた．モニタリングでは，継続性を重視し，5m×5mの小規模な調査区を3カ所設置し，毎年，出現種と被度のみを記録することとした．優占種であった針葉樹を除伐したため，光環境が大きく変化し，

好強光性の植物の優占度が大きく増加することなどが懸念されたが，伐採後少なくとも4年間は，そのような傾向は認められなかった．また出現種の約14%を占めるレッドリスト植物の生育状況も良好であった．この活動では，湿地所有者に聞き取り調査を行い，食べ物，祭事，遊びなどに利用した植物のリストを生物文化多様性的重要種として，モニタリング指標に追加した．これらもすべて順調に生育し，かつ，新たな種が調査区に出現したことも判明した．モニタリングの指標には，従来，絶滅危惧種など自然保護上重要な種が選択されてきたが，地域の人々に生態系サービスをもたらす種や，文化的なつながりを象徴する種なども取り入れていくと，湿地に対する関心を高めていく上で効果的である． 〔佐伯いく代〕

引用文献

1）松田裕之ほか（2005）：自然再生事業指針，保全生態学研究，**10**，63-75.
2）西廣 淳（2010）：順応的管理の指針，日本生態学会編，矢原徹一ほか監修，自然再生ハンドブック，pp.42-46，地人書館.
3）環境省：モニタリングサイト1000.
https://www.biodic.go.jp/moni1000/（参照2022年4月22日）
4）環境省自然環境局生物多様性センター：モニタリングサイト1000，陸水域調査（湖沼・湿原）2009-2017年度とりまとめ報告書.
https://www.biodic.go.jp/moni1000/findings/reports/pdf/FY2009-2017_Inland_Waters_Survey.pdf（参照2022年4月22日）.

1.2 外来種問題

外来種とは，人為的に本来の分布域でない場所に移入された生物のことを指す．外来という語感から，海外より持ち込まれた生物をイメージしやすいが，日本の在来種であっても，もともと生息していなかった地域に人為的に持ち込まれた場合には，外来種に区分される．この場合，海外からの移入と区別するために国内外来種と呼ばれることがある．

湿地は，閉鎖的な空間であるため，ひとたび外来種が移入すると湿地内の生物相や環境に大きな変化が生じるおそれがある．例えば，ブラックバス（オオクチバス・コクチバス）は，多食で雑食であり，魚類のほか，エビやカエル，水生昆虫なども手当たり次第に食べることが知られている．ブラックバスのよ

うな大食漢の外来魚の侵入により，湿地の生物多様性が甚大な影響を受けたという事例は，国内の多くの水域において報告されている[1]．外来種の侵入地に近縁の在来種が生息する場合には，交雑によって，在来・外来の双方の遺伝子をもつ新たな個体群が成立することがある．外来種の定着により在来種との交雑が起こり，個体群の遺伝子組成が変化することを遺伝的攪乱という．遺伝的攪乱は，在来種が長い時をかけて形成した固有の遺伝子組成を不可逆的に変化させてしまうだけでなく，別の地域に適応した遺伝子が浸透することで，当該地域の環境に非適応的な個体が生まれるリスクをもたらす．この現象のことを，遠交弱勢という[2]．

　外来種の対策方法には，大きく分けて，侵入予防，駆除，および影響を受ける種の保全などがある．侵入予防は，最も効果的で費用や労力が小さい対策方法であるが，人間活動がグローバル化している現在，外来種の侵入をゼロにすることは極めて難しくなっている．外来種の侵入には，意図的なものと，非意図的なものがある．意図的なものには，ペットや農作物としての輸入がある．このように，能動的に利用される外来種は，事前にリスク評価を行い，野生化して侵略的にふるまわないかどうかを科学的に検証することが望ましい．オーストラリアでは植物検疫の際，事前にスコアシートに移入したい種の特徴を記載していくことで侵略性の評価を行っている[3]．我が国では，こうしたリスク評価は実施されていないが，2005年に施行された外来生物法（特定外来生物による生態系等に係る被害の防止に関する法律）に基づき，特定外来生物を指定し，輸入や栽培などの規制を行っている．非意図的な移入としては，旅行者の靴などに外来植物の種子が付着し，知らないうちに持ち込まれてしまうことがある．そのような場合には，クリーニングや検疫などが有効である．例えば，湿地での自然観察会を行う際には，専用の長靴にはきかえてもらったり，参加者に事前のクリーニングを義務づけたりすることで移入リスクを回避できる．遺伝的攪乱については，外来種の侵入防止のほか，在来系統の地理的分布を遺伝子解析から明らかにしておき，在来種であっても遺伝的な境界をまたいでの個体の移動は控える措置が考えられる．同様に，湿地の生物の復元活動において，他地域から個体を移入する場合にも，できるだけ地域性に配慮した個体の選定が望まれる．駆除においては，早期に対応を行うことが根絶の可能性を高める上で効果的である．しかし，根絶が非現実的なほど外来種の個体数が増加

した際には，生態系への影響が軽減されるよう継続的に一定数の駆除を行ったり，影響を大きく受ける在来種，とりわけ絶滅危惧種について柵の設置などの隔離措置を行うことが有効である． 〔佐伯いく代〕

引用文献

1) 中井克樹（2010）：オオクチバス等の外来魚を対象とした防除の現状—「モデル事業」の課題．種生物学会編，村中孝司・石濱史子責任編集，外来生物の生態学—進化する脅威とその対策，pp.95-109，文一総合出版．

2) Frankham, R. *et al.* (2010)：*Introduction to Conservation Genetics* 2nd ed., Cambridge University Press.

3) Pheloung, P.C. *et al.* (1999)：A weed risk assessment model for use as a biosecurity tool evaluating plant introductions, *Journal of Environmental Management*, **57**, 239-251.

1.3 貴重な生物の保護

1.3.1 絶滅危惧植物ハナノキの保全

　湿地の保全と管理において，貴重な生物の生息状況に着目することは重要である．我が国には，国，都道府県，市町村など様々なレベルでの絶滅危惧種のリスト（レッドリスト）が作成されており，これに掲載されている種の保全が，湿地の保全や復元の目標そのものとされることが多い．また，絶滅危惧種ではなくとも，北限・南限など地理的分布の辺縁にある個体群や，地域に固有の動植物について注意を払う必要がある．以下，貴重な植物の保護事例として，ハナノキ（*Acer pycnanthum* K. Koch；図1.1）という絶滅危惧種を対象とした取り組みを紹介する．ハナノキは，中部地方の限られた湿地に分布するムクロジ科カエデ属の樹木である．ハナノキの生育する湿地は標高が低く，地形がなだらかな場所にできやすい．そうした場所は，人にとっても利用がしやすく，住宅地や農地，ゴルフ場などの土地改変によってハナノキの数は減少した．植物は，動物のように自ら動くことができない．そのため，ハナノキのように，生育環境が湿地に限られる植物の場合，現存する自生地の保全をしていくことが保全の第1段階となる．ハナノキについては，はなのき友の会（長野県飯田市）という市民を主体とした保全グループが，自生地の位置を明らかにし，湿地の所有者に保全をはたらきかける活動を実施している[1]．ハナノキの生育地は，小規模で民間所有の場所が多い．そのため，公的な保護措置を進めることが難し

図1.1 ハナノキ

く，湿地の所有者や地域の人々に保全への協力を呼びかけることは極めて重要な活動である．ハナノキは，個体が雄木か雌木のどちらかにわかれている雌雄異株植物である．そのため自生地には，雄木・雌木の両方が生育していないと子孫を残すことが難しい．そこではなのき友の会では，ハナノキの個体調査を行い，雄木と雌木のマッピングを実施している．さらに，観察会やモニタリング調査などを通じ，開花状況を把握したり，ハナノキと同所的に生育するほかの希少植物の生育状況を調べたりしている[2]．こうした情報は，ハナノキのみならず湿地の植物全体を保全していく上で効果的であり，かつ，地域の人々に湿地が育む生物多様性の豊かさを伝え，次世代に残していくことにつながるものである．　　　　　　　　　　　　　　　　　　　　　　　〔佐伯いく代〕

引用文献

1) はなのき友の会（2003）：ハナノキとハナノキ湿地を保全して生物多様性に貢献しよう 長野県における自生のハナノキ毎木調査報告，はなのき友の会．
2) 所沢あさ子（2018）：長野県伊那谷南西部ハナノキの生育する湿地の保全活動について，湿地研究，**8**，121-124.

1.3.2 タンチョウの冬期自然採食地整備について

国の特別天然記念物であるタンチョウは，地域の人々の献身的な保護活動などにより，かつての33羽[1]から1900羽以上[2]まで個体数を回復している．保護活動に重要な役割を果たしてきた冬期の給餌は，一方でタンチョウの人馴れ

図1.2 タンチョウ採食地の整備作業の様子

図1.3 採食地を利用するタンチョウ（タイマーカメラ使用）

を進め，個体数回復に伴い事故の増加や農業被害の発生などにより人との軋轢を生んでいる．さらに，給餌場の過密化による感染症のリスクも指摘されている．（公財）日本野鳥の会は，1987年にタンチョウの越冬地として有名な北海道阿寒郡鶴居村にタンチョウ保護活動の現地拠点として開設した鶴居・伊藤タンチョウサンクチュアリ（以下，鶴居サンク）において，給餌への依存度を下げ給餌場の過密化を軽減するために，2007年より，天然の餌をとれる環境（冬期自然採食地．以下，採食地）の整備を行っている[3]（図1.2）．

　採食地を整備するにあたり，まず，タンチョウが冬の間どのような場所で餌をとっているのかを明らかにするために，鶴居村内で利用状況調査を行った．その結果，上部が開けた農業用排水路や川の支流などのうち，湧水で凍らない水辺を利用しており，凍らない水辺でも周辺が藪や倒木に遮られている場合はタンチョウが利用していないことがわかった．そこで藪や倒木を除去すれば利用する可能性があると考え，鶴居サンク給餌場隣接地で実験を行い，効果を確かめた．その後は村内全域に対象地を広げ，タンチョウが利用しやすい緩斜面の岸と浅い水深の水辺を選び，タンチョウのいない夏の間に整備作業を行った．整備した場所は，その冬にタイマーカメラなどを用いて利用状況を調査した．その結果，整備した17カ所すべてでタンチョウの利用が確認された（図1.3）．また，整備した採食地で餌資源となる生物調査を行い，両生類や魚類，水生昆虫など22科36種の水生生物を確認した．

　この活動は，調査や整備活動に多くのボランティアの協力を得ている．参加者は2008〜2021年度で延べ770人以上に上り，子供たちの参加や企業のCSR活動（CSR（企業の社会的責任）に基づき社会への貢献をめざす取り組み）も

含まれている．作業前に採食地整備の意義を伝え，作業後に現地での自然観察や室内でのまとめを行い，本事業やタンチョウへの理解を深めてもらっている．

　活動を進める中で課題も生じており，3～5年ごとに必要となる維持管理作業，餌資源となる生物の増加を目指す生息環境の整備と，その評価となる作業前後の生物調査の手法の確立，などがある．

　今後のタンチョウの生息地の分散拡大に伴い，給餌に頼らない越冬環境の保全（〈e〉図1.1）はますます重要となることが予想され，採食地整備はその有効な手法の1つと考える．　　　　　　　　　　　　　　　　　　　〔原田　修〕

引用文献
1) 北海道教育委員会（1975）：タンチョウ特別調査報告書，p.65.
2) タンチョウ保護研究グループ（2021）：TKGニュースNo.70，p.1.
3) 原田　修（2022）：タンチョウの冬期自然採食地について，釧路国際ウェットランドセンター技術委員会調査研究報告書，pp.71-78，釧路国際ウェットランドセンター.

参考文献
・（公財）日本野鳥の会（2020）：2019年度活動報告書，pp.4-5.
・（公財）日本野鳥の会（2021）：2020年度活動報告書，pp.2-3.
・原田　修（2019）：タンチョウとその保護活動，亀山　章監修，倉本　宣編著，絶滅危惧種の生態工学，pp.131-142，地人書館.

1.4　情報の管理と発信

　湿地に関わる様々な情報を，社会やステークホルダー（利害関係者）との間で共有することは，保全や管理の意思決定を公正・円滑に進めていく上で重要である．しかし，情報には大きく分けて，積極的に発信すべきものと取り扱いに注意すべきものとが存在する．積極的に発信すべき事項としては，まず，湿地の位置と基礎的特徴があげられる．湿地は陸域のごく限られた面積を占めており，日々の生活の中でその価値が見過ごされてしまうことが多い．そのため，湿地の情報が十分に地域に共有されていないと，人知れず開発によって消失したり，周辺の土地利用の変化によって，劣化したりするおそれがある．そうした事態を防ぐためには，各湿地の地理的位置などが整理され，開発計画の対象からできるだけ除外されるよう，さらには必要に応じて保護地域に設定できるよう，情報が共有されていることが望ましい．また，開発計画の対象となった

場合であっても，生物相の特徴や，湿地からもたらされる生態系サービスの概況がわかっていれば，環境影響評価に基づき，開発の影響を軽減するための措置（ミティゲーション）を講じることが可能となる．

2021 年の世界湿地概況[1] によれば，世界の湿地の総面積は，いまだ，正確に把握されていない．しかし，おおよそ 15〜16 億 ha と推定され，徐々に正確な値に近づきつつあると考えられている．小規模なものも含めると，湿地の位置や面積を明らかにする作業は，根気と労力のいる作業である．そのような中，湿地の情報を網羅的にまとめた成果として，北海道と東海地方における湿地目録の事例がある．

北海道は，日本国内に分布する湿地面積の大部分が集中する地域である．小林・冨士田[2] は，文献情報や空中写真などから，面積 1 ha 以上の湿地 180 カ所をリスト化し，各湿地の現況と分布，土地利用基本計画から判定した湿地劣化の潜在的リスク，法制度による湿地の保護状況などを明らかにした．彼らの分析によると，180 カ所のうち，61 カ所は山地湿地に，119 カ所は低地湿地に区分され，その合計面積は，陸域が 55074.7 ha，水域が 45577.7 ha であった．また陸域面積のうち，山地湿地では 96.2% が法的な規制を伴う保護区分に含まれるものの，低地湿地では 63.5% にとどまり，低地では法的に保護されている湿地の割合が低いことが明らかにされた．これらの結果から，北海道の湿地をより適切に保護・保全していくためには，潜在的な劣化リスクを抱える低地湿地での保護制度の指定を検討する必要があるとの政策提言がなされている．

東海地方には，湧水湿地という特異な湿地群が分布しており，市民を中心とした調査活動から，1600 を超える湧水湿地の位置と概況が明らかにされている[3]．湧水湿地は小規模なものが多く，位置や数，面積などをつぶさに把握することは難しい．しかし，保全への意欲をもつ市民らが連携し，全体像が明らかになるという画期的な成果が得られたところである（詳しくは，第 6 章参照）．

こうした湿地の情報は，積極的に社会に共有されるべきであるが，湿地に生息する生物の情報については，盗掘や密猟などを防ぐために慎重な扱いが求められる．例えば，湿地には，園芸的価値をもつ植物が生えていることがあり，そうした種の分布情報は，信頼できる関係者間のみで共有されるべきである．特に最近では，インターネットや SNS などで，誰でも気軽に情報を発信することができるため，不用意な情報の拡散が，湿地の生物の乱獲につながらないよ

う配慮が必要である．こうした注意が適用されるべき生物には，例えば，園芸的価値の高いラン科植物や，愛好者の間で売買されることがある水生昆虫，貝類，魚類などがあげられる．鳥類も愛好家が多く，特に，猛禽類やキツツキ類などの人気種について，その姿を写真に収めたいとする人は多い．しかし，繁殖期をむかえた鳥類の営巣場所に人が立ち入ると，鳥にストレスを与え，繁殖活動に影響を及ぼすおそれがある．

　一方で，生物の分布情報は，地域レベルでの保全施策を立案し，保全や管理への協力を呼びかけていく上での基盤となるものである．分布や繁殖地の情報を慎重に管理しつつも，湿地の価値や保全活動の成果などについては，積極的に共有することが望ましい．例えば，生物の分布に関するデータについては，環境省の生きものログ[4]などに，盗掘や密猟を引き起こさないかたちで蓄積していくことも可能である．

　湿地が個人によって所有されている場合には，特に，所有者にその価値を伝え，保全について理解をしてもらうことも大切である．近年，民間保護地域やOECM（Other Effective area-based Conservation Measures）といった，公的な保護制度に頼らない活動が注目されている．湿地は，水資源や食資源などの恵みを直接地域に供給する生態系であり，市民主体の保全活動を促す上でも一定の範囲での情報共有が必要である．あわせて専門家は，研究や調査で得られた成果をわかりやすく関係者に伝え，意思決定の支援をしていく役割が期待される．　　　　　　　　　　　　　　　　　　　　　　　　　　〔佐伯いく代〕

引用文献

1）Convention on Wetlands（2021）：Global Wetland Outlook：Special Edition 2021, Secretariat of the Convention on Wetlands.
2）小林春毅・冨士田裕子（2019）：北海道湿地目録 2016 —湿地の概要と保護状況，保全生態学研究，**24**，11-30．
3）湧水湿地研究会（2019）：東海地方の湧水湿地 1643 箇所の踏査から見えるもの，豊田自然観察の森（指定管理者日本野鳥の会）．
4）環境省：生きものログ．
　https://ikilog.biodic.go.jp/（参照 2022 年 4 月 24 日）

1.5　湿地保護区とネイチャーセンター

1.5.1　日本野鳥の会のサンクチュアリ運動と水鳥・湿地センター

ラムサール条約湿地など湿地の保護区や公園に行くとネイチャーセンターがあり，解説員がいたりする．センターは保護区管理や普及教育活動の拠点であり重要な施設となっている．こうした施設がつくられるようになった歴史や機能，デザイン等について紹介する．

1975 年に愛知県に弥富野鳥園，1979 年に千葉県に行徳野鳥観察舎が干潟の埋め立ての代償的に行政によってつくられたが，民間としては，1981 年に日本野鳥の会が北海道苫小牧市の協力のもと，ウトナイ湖を日本で第 1 号のサンクチュアリに指定し，ネイチャーセンター（図1.4）を建設したのが最初となる．欧米での野鳥保護区や自然保護区を参考とし，野鳥保護，自然保護の拠点として設置された．また，同じく北海道でタンチョウの保護を主体とした第 2 号サンクチュアリとして 1987 年に鶴居・伊藤タンチョウサンクチュアリを開設した．サンクチュアリの機能を有した施設は，福島県福島市小鳥の森などの地方自治体や環境庁（当時）が主体となった自然観察の森事業などに拡大していった．

環境省は，ラムサール条約湿地になった場所に，既存のネイチャーセンターなどがない場合に，「水鳥・湿地センター」として施設を建設し，運営を地元自治体に依頼するなどして整備している．現在,浜頓別クッチャロ湖水鳥観察館,濤沸湖水鳥・湿地センター，宮島沼水鳥・湿地センター，厚岸水鳥観察館，ウトナイ湖野生鳥獣保護センター（図1.5），佐潟水鳥・湿地センター，藤前活動

図1.4　ウトナイ湖サンクチュアリ　ネイチャーセンター
（写真提供：日本野鳥の会）

図1.5　ウトナイ湖野生鳥獣保護センター

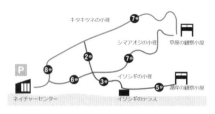

図1.6　ウトナイ湖サンクチュアリの自然観察路（ウトナイ湖サンクチュアリウェブサイト http://park15.wakwak.com/~wbsjsc/011/inf/trail.html より）（提供：日本野鳥の会）

センター・稲永ビジターセンター，琵琶湖水鳥・湿地センター，漫湖水鳥・湿地センターがある．

1.5.2　保護区のデザインと機能

　保護区は，①人の立ち入りが可能なところ，②関係者や調査時のみなど限定的に立ち入り可能なところ，③立ち入り禁止のところ，などのゾーニングがされている．立ち入り可能地域に駐車場，ネイチャーセンター，観察小屋（ハイド），木道などの観察路が配置される（図1.6）．

　湿原保護区は，レンジャー（専門職員）の常駐，ボランティア活動による環境教育，環境管理（保全），環境調査などの活動を柱としている．環境教育としては，一般来訪者，団体来訪者，学校教育などへの対応，アクティビティ・プログラム開発，展示作成，SNS などを使っての情報発信などがある．環境管理（保全）としては，水位調整や草刈り等による湿地環境管理やゴルフ場やリゾート開発等への対応，環境調査としては，観察資源調査（花，虫暦などの作成）や生物モニタリングなどが行われ，環境教育や環境管理に還元される．

　ネイチャーセンターは，環境教育活動の中心施設で，レンジャーの活動拠点である．レンジャーから直接的な教育を受けたり，展示物や動画等によるインタープリテーション活動が行われる．ネイチャーセンターの大きさは様々であるが，展示コーナーとともに研修を受けたりするレクチャールームや図書コーナーなどもある．　　　　　　　　　　　　　　　　　　　　〔大畑孝二〕

1.6 生態系管理

1.6.1 生態系管理の理念

生態系管理（ecosystem management）とは，明確な目標を設定し，生態系を管理していくことを示す用語である[1]．管理には，法律や協定などの制度を通じて実施するものから，伐採や火入れなど生態系に対し直接的な作用を施していくものまで，幅広い手法が含まれる．管理の過程には，生態系の現状を把握するためのモニタリングと順応的管理（1.1 節参照）が組み込まれ，結果として，生態系の要素，構造，および機能が適切に維持されることを目的とする．ここでいう要素とは，水や土壌，動植物など生態系を構成する物質や生き物のことを指す．構造とは，要素の質や量，配置，および関係性などを意味しており，それらから生み出される営みが，機能である．例えば，河川沿いの湿地帯を考えてみると，川を流れる水や，砂礫，河川と氾濫原に生育・生息する動植物などが要素であり，場所によって砂礫や動植物の質や量が変化することを構造としてとらえることができる．そして，これらの構造を基盤とし，物質が循環し，浄化や分解作用が営まれ，動植物が成長・繁殖して互いに作用し合うことなどが機能にあたる．実際には，これに「人間活動」という要素が重なって，生態系が成立する．人は，管理の主体として，また，対象とする生態系に強い影響を及ぼす要素として重要な位置を占めている．

生態系という言葉は，日本語ではやや漠然とした意味で使われることが多い．しかし生態系管理の現場では，対象となる生態系の空間的範囲をはっきりと決めておく必要がある．湿地の場合，管理の空間スケールは対象によって大きく異なり，ため池のような比較的小さな面積の湿地から，流域全体を網羅する景観スケールのものまで様々である．水を含め，湿地に流れ込む物質は，周辺の土地利用と密接な関わりがある．そのため，湿地を対象とした生態系管理は，できるだけ周辺域も含めて行うことが推奨される．

管理の空間的範囲を明示しておくことと同時に，時間的スケールにも注意が必要である．管理の目標を立てる際には，目標がいつまでに達成され，それまでにコストや労力がどれぐらいかかり，うまくいかなかった場合にはいつ頃，どのような代替案を実施するのかについて，事前によく計画されていることが

望ましい.

　一方で，生態系管理の目標を設定する際，短期的な利益を求めるあまり，長期的な持続可能性が損なわれないよう注意を払うことも大切である．生態系管理という概念が生まれた背景の1つに，北米において，持続可能な自然資源の利用と生物多様性の保全との両立を目指す動きがあった．ここでは，森林の伐採活動によって経済的利益を求めることが，長期的な視点での持続可能性と相反することがないよう，特に研究者や自然保護関係者から盛んに提言がなされた経緯がある[1]．ここでいう持続可能性とは，自然の生産性や回復性と，人が自然を利用する速度との間にバランスが保たれており，自然から得られる生態系サービス，すなわち自然の恵みが長期にわたって安定して受けられる状態をいう．生態系管理の目標が多岐にわたる場合には，各目標の間で，軋轢（conflict）が生じるおそれがある．自然がもたらす生態系サービスには，トレードオフ関係にあたるものがあり，特定の自然の機能を尊重しようとすると，別の機能が失われてしまう場合があるためである．そうした場合には，ゾーニングを行って，発揮させたい機能ごとに異なる管理を実施したり，事前に地域の関係者の意見を聞き，優先事項について合意形成を図ることが有効である．

　最後に，生態系管理は，人が自然を支配下に置き，すべてをコントロールするという概念ではない[2]．むしろ，自然の仕組みを生かしながら，変化や不確実性を受け入れ，自然とともに私たち人間がどうあるべきかを考えるためのアプローチである．湿地はときに脅威にもなるが，たくさんの恵みを私たちにもたらす存在である．湿地との共生を具現化する手法として，生態系管理という概念をぜひとらえてほしい．　　　　　　　　　　　　　　　　〔**佐伯いく代**〕

引用文献

1) Christensen, N. L. *et al.* (1996): The report of the ecological society of America Committee on the scientific basis for ecosystem management, *Ecological Applications*, **6**, 665-691.
2) 森　　章・石井弘明 (2012)：エコシステムマネジメント―概念と遍歴，森　　章編，エコシステムマネジメント―包括的な生態系の保全と管理へ，pp.2-42. 共立出版.

1.6.2 国指定天然記念物「葦毛湿原」の生態系管理

a. 葦毛湿原の湿地復元事業

愛知県豊橋市岩崎町にある国指定天然記念物葦毛湿原では，森林化した湿地と遷移が進んだ湿地の再生を中心に大規模な植生回復作業を行っている．湿地は絶滅危惧種のホットスポットであるが，基本的な方針は，湿地の再生だけではなく，湿地を中心とした生態系そのものを多様かつ持続可能なかたちで管理し，次世代に伝えていくことを目標にしている．

事業開始にあたっては，文化庁・愛知県・豊橋市の文化財保護部局の担当者，環境保全課等の環境部門の担当者，大学教授等の有識者，豊橋湿原保護の会等のボランティア団体等様々な立場の人々の参加のもとに葦毛湿原保護意見交換会を開催し，専門的な意見を踏まえた上で事業を推進している．

その方法は，土壌シードバンク内に保存されている埋土種子を効率よく発芽させて森林化した湿地を再生するという保全生態学の成果と，地層を詳しく細分して管理するという考古学の発掘調査の技術を融合させた方法である．

復元事業は2013年1月から開始し，第1段階（湿地中心部の日照を確保するために南側の木を帯状に広く伐採する），第2段階（森林化した湿地を再生する），第3段階（湿地中心部の遷移を後退させ，湿地を再生する），第4段階（恒常的な維持管理を行う）の4段階で進め，現在は第3段階に入っている．

実際の作業は，豊橋市教育委員会の指導のもと，豊橋湿原保護の会や豊橋自然歩道推進協議会等のボランティアが中心になって行っている（〈e〉図1.2）．

植生回復作業の方法や成果は，各地で行っている同様の活動の参考になるように月1回程度「葦毛通信」を豊橋市美術博物館のウェブサイトに掲載してリアルタイムで情報公開し，2022年12月現在で132号まで刊行している．

b. 植生回復作業の工程

葦毛湿原では，過去の記録を確認の上，森林化した湿地を再生する場合，疎林にするための間伐，草地や湿地に戻すための皆伐や湿生の木を残した選択的な伐採を行い，重機による抜根を行っている．地表面に関する作業では土壌シードバンクの上にたまった落ち葉や枝等を丁寧に除去し，埋土種子に直接日光が当たるようにするが，できる限り地層を攪乱しないようにしている．

木の根やササ等の根が残っている場合，すぐに森林として再生してしまうので，根の除去は湿地再生に関しては必須条件である．根の除去のために重機(バ

ックホー）を使用しているが，重機の使用に際してはできる限り地層を攪乱しないようにし，根を抜き取ってその場で潰し，根についた土（土壌シードバンク）を振り落として現地に残している．また，重機だけでは残った細かな根等は除去できないので，重機による抜根後，人力により根の除去を徹底するようにしている．重機と人力の作業を組み合わせて行うのは考古学の発掘調査と同じ方法である．

c. 土壌シードバンク分層発掘法

　葦毛湿原では作業する各地点で考古学の発掘調査と同様の方法で地層の堆積を確認してから作業を行っている．土壌シードバンクは単一の地層ではなく，複数の地層が重なり合っており，自然堆積層である．水田や畑のように常に攪拌されながら堆積した人為的な地層ではなく，基本的に薄い地層が数多く重なっていると理解すべきである．地層の堆積の速さは沖積地や台地等の地質条件によって大きく異なるが，想像以上に遅いと想定すべきである．さらに台地上の地層は堆積量よりも流失量のほうが上回る場合も多くあり，注意が必要である．

　植物の種子は風や動物等により地表面に毎年散布されるが，地層が堆積するスピードは極めて遅いので，新鮮で発芽する能力の高い種子は地表面近くに多く存在する可能性が高い．埋土種子を利用する場合，どこにどの程度の発芽可能な埋土種子があるかを予想した上で地層の堆積の上層から1層ずつ管理して，薄く削りながらすべての埋土種子に均等に発芽の機会を与えるようにしている．この方法を「土壌シードバンク分層発掘法」と称している．

　埋土種子が堆積している地層は数百年，場合によっては数千年にわたって攪乱されることなく安定して存在している．つまり，そこに含まれる埋土種子はギリギリの平衡状態を保ったまま保存されているのである．その地層を確認することなく「天地返し」のように深く攪拌してしまうと，安定して保存されてきた埋土種子の保存環境を破壊し，大半の埋土種子の発芽能力を奪ってしまう．

d. 土壌シードバンクの保存

　土壌シードバンクは自然が残した貴重な遺産であり，未来の世代に守り伝えていくべきものである．天地返しで破壊することなく，保存を基本として，植生回復作業で利用する埋土種子は必要最小限にすべきである．

　考古学の遺跡は文化財保護法に基づく文化財（埋蔵文化財包蔵地）として，

すべての遺跡が保存対象になっている．土壌シードバンクも自然遺産として，保存を前提とした利用のルールを定めるべきである．

e. 歴史的視点に立ち文化財を生かした里山再生

葦毛湿原では大規模植生回復作業に先立ち，湿原周辺のより広域の自然環境の歴史を人間との関わりを中心に資料を集めて記録集を作成した．その内容は植物だけでなく，遺跡の変遷等の考古学的データ，古文書，古地図，古写真，聞き取り調査等である．つまり，里山としての歴史を明らかにして歴史的な視点に立って湿原を評価して湿地再生に役立てようとしたのである．

現在の里山は約 2500 年前に始まった稲作に伴って人間が自然に積極的に関与し，自然と共生しながらつくり上げてきたものである．里山は SDGs の 15 番のゴールである「陸の豊かさも守ろう」を長期間にわたって実践した好事例である．

里山には人間が活動した記録である遺跡が数多く残されている．葦毛湿原周辺の山は薪炭林として，山裾は牛馬の餌にする草刈り場である秣場として，約 800 年前から利用されてきた記録が残っている．また，古墳や平安時代の寺院跡・窯跡，戦国時代の城跡，江戸時代の炭焼窯・ため池，現代の塹壕や連絡壕等の戦争遺構，寺院・神社等様々な遺跡が遺されており，文化財として保護されている．

里山をかつて利用されていた薪炭林や秣場として再生させることは現実的ではないが，自然とともに文化財を生かし，これらを体験する場として継続的に利用していくことは，里山再生の新たな方法である．　　　　〔贄　元洋〕

参考文献
・葦毛通信．https://www.toyohashi-bihaku.jp/?page_id=4594（参照 2023 年 1 月 30 日）
・豊橋市教育委員会（2010）：写真集 愛知県指定天然記念物葦毛湿原の記録．

1.6.3　キウシト湿原

a. キウシト湿原の概要

キウシト湿原（以後湿原と表記）は，北海道登別市の住宅地にある広さ約 4.8ha の小さな湿原である．背部には丘陵地が広がっており，そこから流れるポンヤンケシ川がつくった沖積平野（谷地形）上の湿地である[1]．周辺は宅地

図 1.7　キウシト湿原全体図
（写真提供：登別市に加筆）

開発が進み，北海道道や高速道路が建設されている．これによりポンヤンケシ川の流路が変更され，湿原は水源の多くを失った．そのため，乾燥化にさらされ，住宅と接するエリアではハンノキの樹林化が進行している（図1.7）．2003年，市は湿原の保全と再生のため，用地の取得を開始するとともに，整備計画を作成し，木道の設置やビジターセンター建設などを行い，2015年4月に都市公園「キウシト湿原」が開園した．

b.　乾燥化への対策

保全と再生の工事に先立ち，詳細な調査が行われた．降水量，湧水量，排水量，地下水位など市，研究者，コンサルタント，市民が協力して湿原の水文環境を把握するための調査を行った．得られた調査結果は研究者によって分析され，修復や再生の方法が構築され，湿原に負担の少ない工事方法が選択された．

水源を回復するために，高速道路建設によって流路変更された沢水を変更地点よりさらに上流部で集水し湿原内へ導水した．また，湿原からの排水を減らすために出口に堰を設置した（図1.7, 1.8）．その後の観測により地下水位の上昇がみられ，これらの対策が有効だったことが確認された．

c.　再生への取り組み

再生にあたって，「保全」と「利活用」を両立させるためにゾーニングを行った．すなわち，①湿原が良好な状態で残る区域を「保全区」，②壊れているが修復可能な区域を「再生区」，③住宅地に接し住民が花壇や菜園として利用している区域を「緩衝区」とする案である（図1.7）．そして，①を利用制限する代わ

図1.8 二重の矢板で遮水された堰
（写真提供：NPO法人キウシト湿原・登別）

図1.9 オオハンゴンソウ駆除
（写真提供：NPO法人キウシト湿原・登別）

りに②と③で失われた湿原を再生し利活用するというものである.

　種の再生にあたっての合意は，①湿原で確認されている種のみを増やしていく，②本来の遺伝子を残すために同種であってもほかから持ち込まない，であった. 魅力ある湿原になるならもともと生息しない種であっても持ち込みたいという誘惑はあったものの，登別市本来の生態系や原風景を残すことが優先された.

　湿原には乾燥化が進んでいた状況でクマイザサ，オオハンゴンソウ，オオアワダチソウなどが侵入していたが，地下水位を上昇させ乾燥化が改善された後もこれらは衰退することはなかった. そこで駆除（図1.9）を実施してきた結果，ミズバショウ，ゼンテイカ，オオバナノエンレイソウほか多くの種が増えた.

　個体数が少なく消滅が危惧される種については種子を採集し栽培を試みている. 半年から2年ほど育成した後「総合的な学習の時間」に小学生が移植している（図1.10）. これまでカキツバタ，ノハナショウブ，エゾリンドウ，ゼンテイカなどが育っている. また，サワヒヨドリ，アオモリアザミほか十数種の種子を泥団子に混ぜ，外来種を駆除した後の空間に蒔いている（図1.11）.

　開園前の1時間，スタッフによってモニタリングが行われている. 生息種の確認，開花・結実状況の把握，流入水量や地下水位の測定，排水路の水位観測など多項目にわたりデータの蓄積がなされている. それらは来園者への情報提供やガイド活動に活用されたり，再生のための基礎資料となったりしている.

図1.10　カキツバタ移植
（写真提供：NPO法人キウシト湿原・登別）

図1.11　たね団子づくり
（写真提供：NPO法人キウシト湿原・登別）

d. 新たな取り組み

　2015年から2017年にかけて植生調査と地下水の水位水質調査が実施されたが，2017年の再調査によって，東側保全区（図1.7）で2001年にみられたオオミズゴケハンモックがほとんど消失しているのが確認された[2]．2018年，オオミズゴケ再生のための実験計画が立てられ，翌年から開始された．3年間の実験を経て良好な結果が得られたことから，2022年度に再生の取り組みが始まった．

〔堀本　宏〕

引用文献
1) Yabe, K. and Nakamura, T.（2002）：Base mineral inflow in a remnant cool-temperate mire ecosystem. *Ecological Research*, **17**：601-613.
2) 矢部和夫（2018）：キウシト湿原植生調査研究，2017年度受託研究報告書.

1.6.4 ヨ シ 焼 き

a. ヨシ焼きとは

　ここでいうヨシ焼きとは，図1.12に示すように河畔や湖畔のヨシ群落に火入れをするもので，筆者が暮らす地域では，町内の回覧版でも「洗濯物に注意してください」などと注意喚起される春の恒例行事の1つである．ここでは，ヨシ焼きがどのような目的で行われているか概説する．

b. 伝統的な目的のヨシ焼き

　ヨシ焼きの目的の中で伝統的なものとしては，葦簀（よしず）等の材料としての良質なヨシの確保や，害虫駆除があげられる．

　ヨシ刈作業の方に聞いた話では，「ヨシ焼きをせず，古いヨシが堆積していると，刈取機での作業がしにくい．下草や古いヨシがあると虫が出て，ヨシも虫

図 1.12 ヨシ焼きの案内文の例
（国土交通省霞ヶ浦河川事務所ウェブサイトより）

図 1.13 ヨシ刈りの様子（渡良瀬遊水地, 2019 年 1 月）

食いになる．また，下草や古いヨシが堆積していると，直上に向かって生長せず，斜めに生長してしまうものが増える．斜めのものは商品として適さない」とのことで，良質なヨシの生産，効率的な刈取作業にはヨシ焼きは欠かせない．

c. ヨシ群落の維持を目的としたヨシ焼き

ヨシの確保とも関連するが，ヨシ群落の維持が目的に加わっている場合も多い．これはかつて自家消費や生業として大部分が刈り取られていたものの（図1.13），ヨシの利用減少に伴い，ヨシ刈りが及ばない場所が増え，そのような場所では別の群落への遷移が進むようになったことへの対応としてのヨシ焼きである．このことは風景としてヨシ群落を維持したいという立場や，ヨシ原を利用する鳥類を保全する立場，樹林化を防止する立場からも歓迎されている．

図 1.14　ヨシ焼き後の状況（茨城県牛久沼，2022 年 2 月）
堆積していた枯れ草がなくなり，地表が露出している．

d.　生物多様性の保全を目的としたヨシ焼き

こちらは，単にヨシ群落ではなく，どのようなヨシ群落を維持するか，というより細かな視点に立った管理である．密生したヨシ群落は，内部が暗く，かつ枯れヨシが厚く堆積しており，ヨシ以外の種は少ないことが多い．一方で，ヨシ焼きにより地表がオープンになることで（図 1.14），春植物の生育環境が改善され，栃木県，群馬県，埼玉県，茨城県にまたがる渡良瀬遊水地ではトネハナヤスリ，チョウジソウ等の貴重種の保全に寄与していると考えられる．

e.　ヨシ焼き今昔

ヨシ焼きは，上述のように目的を拡大しながら，各地で継続されてきた．これまで継続されてきた理由としてはヨシ群落の管理に新たな効果が発見されたことによる継続か，あるいは地域文化にすでに組み込まれているヨシ群落の管理を継続するために目的が拡大されてきたのか，その両面があるようにも思われる．湿地のワイズユース（賢明な利用）を通じた持続可能な発展には，そのような人と自然が長く培ってきた関係性についての理解が欠かせない．

〔藤村善安〕

第2章

湿地の再生

2.1 湿地再生の動き

2.1.1 日本における自然再生

a. 自然再生の動き

　自然再生とは，損なわれた自然環境を取り戻す行為であり，20世紀の後半にヨーロッパやアメリカ，日本で萌芽があり，今世紀になって本格的に開始された．ヨーロッパでは，デンマークのスキャーン川，ドイツやスイスの近自然工法など，河川や湿地を中心とした自然再生が行われている．アメリカにおいても，フロリダ半島のエバーグレイズにみられる集水域全体を対象とした湿地の再生をはじめ多くの自然再生が行われている．20世紀に行われた大規模な環境の改変に対する人類の反省とみることもできる．

　我が国においても，自然再生推進法が2002年に制定されて以降，釧路湿原（北海道，図2.1），荒川における氾濫原湿地（埼玉県），阿蘇草原の再生（熊本県）など，それぞれ自然再生協議会が組織され，多くの自然再生事業が実施されている．本法律において「自然再生」とは，「過去に損なわれた生態系その他の自然環境を取り戻すことを目的とし行政機関 NPO 法人，専門家等の地域の多様な主体が参加して，自然環境を保全し，再生し，若しくは創出し，又はその状態を維持管理すること」と定義されている．基本理念として，地域における自然環境の特性，自然の復元力および生態系の微妙な均衡を踏まえ，科学的知見に基づいて実施すること，事業の着手後においても自然再生の状況をモニタリングし，その結果に科学的価値を加え，事業に反映させる順応的管理（adaptive management）で実施することが示されている．また，本法律に基づかない自治体や省庁等が実施する事業についても多く実施されている．

　湿地に関しても，水質汚染，湿地面積の縮小や湿地の乾燥化など，大きな影響を受けたが，次節以降の事例に示すように自然再生される事例がみられるよ

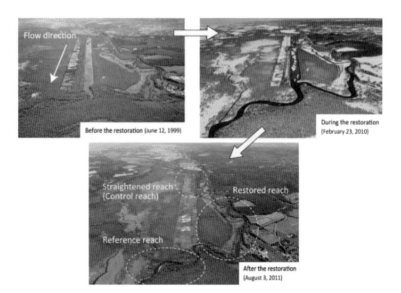

図2.1　釧路湿原における釧路川の蛇行復元（旧河道の再生）[2]
河川改修により直線化された河川を改修前の蛇行した河川に戻し，湿地環境を復元した事例．
左上から時計回りに復元前（Flow direction：流れの方向），復元中，復元後（Restored reach：
復元区間）を示している．

うになった．主な手法は水循環の回復，水質の改善，生物生息場の回復などで
あるが，それぞれ地域の固有の状況に対応して自然再生が実施され，効果を発
揮している．

　近年の大きな動きとして，自然災害に対する対策や気候変動適応策でもある，
「グリーンインフラ」，「Eco-DRR（Ecosystem-based Disaster Risk Reduction）：
生態系を活用した防災・減災」，「NbS（Nataur-based Solutions）：自然に根ざ
した解決策」などの概念の登場があげられる．Eco-DRR は，2004 年のスマト
ラ沖地震による津波被害に対するマングローブ林などが果たした減災機能を踏
まえ，IUCN（国際自然保護連合）により名づけられた[1]．2014 年に開催され
た生物多様性条約第 12 回締約国会議（COP12）では「生物多様性と気象変動
と防災・減災」，湿地の保全に関するラムサール条約でも「湿地と防災・減災」
と題する決議が採択され，それ以降も関連する決議が採択されている．NbS は，
次項で紹介するグリーンインフラや Eco-DRR を包括する概念であり，社会課
題に順応性高く効果的に対処し，人間の幸福と生物多様性に恩恵をもたらす，
自然あるいは改変された生態系の保護，管理，再生のための行動，と定義され，

図 2.2 湿地の遊水機能を生かした氾濫抑制と生物生息場の保全事例の 1 つ，蕪栗沼遊水地

2019 年の国連気候行動サミットで集中的な議論が行われて以降，国際社会に急速に広まっている[1)]．気候変動が進む中，このような生態系を人間社会にとっての機能的側面から価値づけし，生態系の保全・再生を図るアプローチは今後主流化していくものと思われる．

2.1.2 開発行為に対する代償措置，生物多様性オフセット

湿地における開発行為に対してアメリカでは，ノーネットロス（no net loss）原則が採用されており，開発の妥当性が認められた場合，代償措置として開発で失われる自然とトータルで同等以上の湿地の再生を担保するミティゲーションが行われてきた．また，近年では欧米先進国を中心に，生物多様性オフセット（biodiversity offsets）の制度化やその検討が行われている．生物多様性オフセットとは，避けられない開発行為により失われる生態系について，同等以上の自然を別の場所に再生，創出することで，事業による影響を代償（オフセット）することである．環境影響評価制度の中で生物多様性オフセットを扱う国もあるが，日本では導入されていない．ただし，消失する代替環境を創出する事例は，環境影響評価法の対象となる開発のみならず，対象とならない小規模な開発行為においても増えてきている．代償措置の検討においては，不確実性が大きいこと，保全効果を確認するまでに長期のモニタリングが必要であること，順応的管理が必要になる場合があること，保全効果の定量的評価などの価値判断が難しい等の点に留意が必要である[3)]．　〔皆川朋子・島谷幸宏〕

引用文献

1) 古田尚也（2022）：グリーンインフラ，Eco-DRR の定義と世界の動向，皆川朋子編集幹事，一柳英隆ほか編，社会基盤と生態系保全の基礎と手法，pp.152-155，朝倉書店．

2) Nakamura, F. *et al.* (2014)：The significance of meander restoration for the hydrogeo-morphology and recovery of wetland organisms in the Kushiro River, a lowland river in Japan, *Restoration Ecology*, **22**(4), 544-554.

3) 環境省（2017）：環境影響評価における生物多様性保全に関する参考事例集.

2.1.3　生物多様性政策と連動した今後の自然再生

　我が国における自然再生の政策の変遷は，ここでは詳細は触れないが，関連する大きな動きとしては，1990年の当時の建設省による多自然型川づくり（現在は「多自然川づくり」），1997年の河川法の目的に「環境」が追加された河川法改正，前項で示した2002年の自然再生推進法の制定があげられる．

　自然再生に関連した政策として，国土計画の変遷を確認すると，1998年の全国総合開発計画「21世紀の国土のグランドデザイン」において「生態系ネットワーク」の概念が登場し，2008年の国土形成計画では，「原生的な自然地域等の重要地域を核として，ラムサール条約等の国際的な視点や生態的なまとまりを考慮した上で，森林，農地，都市内緑地・水辺，河川，海までと，その中に分布する湿原・干潟・藻場・サンゴ礁等を有機的につなぐ生態系のネットワーク（エコロジカル・ネットワーク）を形成し，これを通じた自然の保全・再生を図る」こととされた．2015年の国土形成計画では「生態系ネットワーク」とも親和性の高い「グリーンインフラ」の概念が登場し，「グリーンインフラの取組の推進等の自然環境の保全・再生・活用」として，「本格的な人口減少社会において，豊かさを実感でき，持続可能で魅力ある国土づくり，地域づくりを進めていくために，社会資本整備や土地利用において，自然環境が有する多様な機能（生物の生息・生育の場の提供，良好な景観形成，気温上昇の抑制等）を積極的に活用するグリーンインフラの取組を推進する」ことが新たに記載されたことは記憶に新しい．グリーンインフラの概念の登場により，生物多様性の保全だけではなく，地域創生や防災減災など様々な概念や分野を統合しつつ，多様な主体が連携しながら社会実装を各地域で行っていく土壌が整った．自然再生の取り組みの対象や幅がさらに広がったともいえよう．

　このグリーンインフラが国土形成計画に登場した2015年はSDGsやパリ協定が採択され，まさに時代の転換点となった年であった．SDGs達成や脱炭素の観点からも劣化した生態系の回復に向けて自然再生の取り組みが果たすべき役割は大きい．

　2022 年は，世界の生物多様性政策の根拠ともなっている生物多様性条約が 1992 年のブラジル・リオデジャネイロの地球サミット（国連環境開発会議）で採択されてから 30 年の節目である．2021 年，同条約事務局から発表された世界目標の原案では，2030 年までに世界がとるべき行動指針の 1 つとして，「世界の陸地および海域の少なくとも 30%（生物多様性と人類にとって特に重要な地域）を，効果的かつ公平に管理し，保護区（または，その他の効果的な地域ベースの保全手段）のシステムによって保全する」いわゆる「30by30（サーティ・バイ・サーティ）」目標が掲げられた．なお，本目標は 2021 年 6 月に英国にて開催された G7 サミット（主要国首脳会議）においても合意されている．この 30by30 目標の国内達成のためには国内の法令に基づく国立公園等の保護地域の拡張だけではなく，保護地域以外の生物多様性保全に資する地域（Other Effective area-based Conservation Measures：OECM）の設定も重要である．OECM は 2018 年の生物多様性条約第 14 回締約国会議（COP14）による定義（環境省仮訳）によると，「保護地域以外の地理的に画定された地域で，付随する生態系の機能とサービス，適切な場合，文化的・精神的・社会経済的・その他地域関連の価値とともに，生物多様性の域内保全にとって肯定的な長期の成果を継続的に達成する方法で統治・管理されているもの」とされている．端的に言うと，OECM は民間等の取り組みにより保全が図られている地域や，保全を主目的としない管理が結果として自然環境を守ることにも貢献している地域を指す（環境省）．2022 年 4 月には環境省が 30by30 目標の国内達成に向けて，OECM 認定等の必要な取り組みをまとめた 30by30 ロードマップを策定し，30by30 目標に関わる先駆的な取組を促し，発信するため，有志の企業・自治体・団体に

図 2.3 「30by30 アライアンス」のロゴ（環境省）

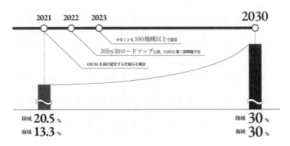

図 2.4 30by30 ロードマップ（環境省）

よる有志連合（30by30 アライアンス）を発足させた（図 2.3, 2.4）.

　このように生物多様性政策も大きな転換点を迎えており，上述の G7 サミットでは，「2030 年までに生物多様性の減少傾向を食い止め，回復に向かわせる」という地球規模の目標（ネイチャーポジティブ）へのコミットが表明された.自然への投資の議論も加速しており，民間主導の動きとして，生物多様性・自然資本に関する情報開示枠組を提供する自然関連財務情報開示タスクフォース（Task force on Nature-related Financial Disclosures：TNFD）のベータ版 0.1 が 2022 年 3 月に公表された.

　地球規模の生物多様性の目標の達成のためには，自然の回復力だけに任せるだけでなく，より積極的な自然再生の取組が必要となることは言うまでもない.自然への投資の動きにも注視しつつ，国内の自然再生の取組の加速に向けたさらなる施策や仕組みの検討が望まれる.　　　　　　　　　　〔岩浅有記〕

2.2　湿地再生の事例

2.2.1　三重県志摩市の遊休農地を活用した日本初の干潟再生

a. 干潟の世界

　1 日二度，海の中から姿を見せる泥の広場.のっぺりと静かに見える灰色の世界は，ひしめきあう命と躍動感にあふれている.干潟（ひがた）は，微生物や貝，魚による食物連鎖が森や人間生活から生まれる有機物を浄化するため「海の肝臓」と呼ばれている.また，浅瀬で生まれた稚魚が育つ「海の子宮」であり，その生物多様性の高さから「海の熱帯雨林」と呼ばれることもある.泥の下に住む甲殻類やゴカイを食べる渡り鳥たちにとっては，次の目的地へ飛ぶエネルギーをたくわえる場であり，高潮被害を抑え，おかずがいつでもとれる「海の銀行」として，人々の命や生活も支えてきた.

　同時に人間がアクセスしやすい干潟は，その重要性が広く実感されていなかったことも相まって，世界中で埋め立てや干拓が行われ，1900 年以降 64% 以上が失われた[1].その後，その価値が認められ，日本でも干潟造成事業が 2000 年頃から行われるようになったものの，土砂を他の場所から運ぶ工法は高額となり，土砂定着にも課題が残る.そこで，現存する土地に海水を導入する「ソフト工学」手法を用いた再生が世界中で注目されるようになった[2].水門開放や

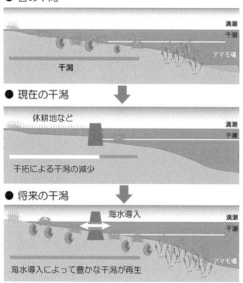

図2.5　干潟再生の仕組み[3]

堤防の一部開削などの小規模な改変で干潟を増やしうる試みである（図2.5）.
ここでは，干潟再生を通して海と人のつながりの再発見を日本で最初に取り組
んだ，三重県志摩市を紹介したい[4].

b. 志摩市の干潟再生の挑戦

　三重県南部にある人口約5万の志摩市は，リアス式海岸に囲まれ，真珠やカ
キ，あおさのり養殖，アワビやイセエビをねらう伝統海女漁など，年間を通し
て海の恵みを得られる水産業と観光業の盛んな町である．江戸時代以降，米増
産のため，リアス式海岸湾奥の干潟を潮止堤防で仕切り農地とすることが推奨
され，湾奥干潟の約70％（185 ha）が水田干拓地となった[5].

　しかし，半農半漁で生活してきた自然豊かな町でも，高度経済成長期の転職
や，イノシシ等による農作物被害により耕作放棄地が増加した．同時に海では，
1950年代以降，富栄養化による赤潮の多発や，真珠養殖増加によるヘドロの堆
積，魚貝や藻類の減少が起こった．三重県水産研究所の調査で，英虞湾内に514
カ所ある干拓地（〈e〉図2.1）の大半が遊休地化しており，海水を導入すると海
の浄化を促す底生生物が増加することが実験でわかった[6]．その後，実際に潮

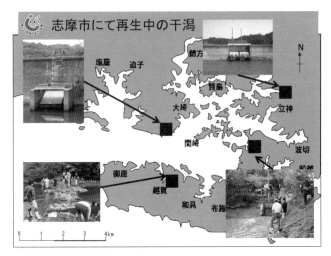

図 2.6　志摩市にて再生中の干潟（三重県志摩市，2018 年）
（国際干潟シンポジウム資料より）

止堤防の排水門を開放して海水を導入し，干潟を再生する国内初の事業が 2010
年から 2015 年までに 4 カ所実施され（図 2.6, 2.7），「海洋立国推進功労者表彰
（内閣総理大臣賞）」を受賞するなど，全国から注目される存在となった．

c. 干潟再生事業実現の要因

　遊休地を活用した干潟再生は全国どこでも実質的に可能な事業であるが，志
摩市で実現した要因としては主に 6 つが考えられる．①行政（三重県・志摩
市）・研究者（水産研究所・大学）・市民と漁民の協働，②市政や行政部門に海
の再生を重要事項として位置づけ（部署を越えた動きを促進する「里海推進室」
設立（現在，総合政策課 SDGs 推進監），志摩市里海創生基本計画策定，里海創
生推進協議会設置等），③多様な協力者の模索（公有地，リゾートホテル内遊休
地，区所有の遊休地で実施），④行政職員や研究者による再生候補地や周辺土地
所有者との丁寧な話し合い，⑤堤防とゲートを管理する県の農業基盤整備課と
の調整（各事例における独自のルールづくり），⑥里海イベントとともに再生事
業を発信し市民認識を向上（住民への質問票調査で 74%の住民が再生事業に賛
成[7]），である．

d. 志摩市からの学び

　再生された 4 つの干潟では，水質改善や生物多様性・生物量の増加，稚魚の

図 2.7 海水の遡上を止めていた土のうを参加者が手で
撤去し干潟を再生している様子(三重県志摩市, 2015 年)

確認などポジティブな変化が年々みられている．同時に課題もみえてきた．ま
ず，①大型土木工事などの経費がかかるわけではないが，情熱をもって取り組
む担当者が必要であり，関係者間の調整や農地転用の手続きなどの手間や経費
がかかること，②干潟再生事業の成功基準を「アサリがとれるようになること」
と考える多くの住民にとって，事業の価値は実感しにくいままであること，③
干潟はその管理や利用主体が複雑な上に，遊休地の自然再生については国のガ
イドラインが未作成であり，事例ごとに複雑な管轄の部署を越えて調整など，
実践の可否が担当官の力量に頼るところが大きいこと，がある(〈e〉図 2.2)．
また，④相続者が放棄したい遊休地をナショナルトラストなどが一括して受け
取る仕組みが存在しないことも事例を増やす壁であり，国としての遊休地活用
の仕組みづくりも望まれている[8-10]．

　遊休地や生産性の低くなった農地を活用した干潟再生は，韓国，中国，英国，
ヨーロッパをはじめ，世界中において実践が進んでいる．志摩市における聞き
取り調査では，干潟で遊んだ思い出を，いきいきと語る人々に出会うこともで
きた．海の浄化や生物多様性向上のみならず，ふるさとの魅力を再発見する活
動が各地に広がっていくことを願っている．

〔**山下博美・三上直之・国分秀樹・浦中秀人**〕

引用文献
 1) Davidson, N.C. (2014): How much wetland has the world lost? *Marine and Freshwater*

Research, **65**(10), 936-941.

2) Environmental Agency (2021)：*Saltmarsh Restoration Handbook UK & Ireland*, Environment Agency.

3) 三重県水産研究所 (2010)：「JST 実装支援事業—英虞湾の環境再生へ向けた住民参加型の干潟再生体制の構築」パンフレット

4) 三上直之・山下博美 (2017)：自然再生事業の緩慢な進捗とその意義—英虞湾の沿岸遊休地における干潟再生の事例, 環境社会学研究, **23**, 130-145.

5) 松田　治ほか (2009)：『英虞湾再生プロジェクト』の総括とその後の展開, 日本水産学会誌, **75**(4), 737-742.

6) 国分秀樹・山田浩且 (2011)：英虞湾における沿岸休耕地の干潟再生, 土木学会論文集 B2 (海岸工学), **67**(2), I_956-I_960.

7) 山下博美・三上直之 (2016)：志摩の海とまちづくりに関する調査「あなたと海と干潟」質問票初期分析報告書.

8) 山下博美 (2023)：湿地と地域づくり, 環境社会学会編, 環境社会学辞典, pp.426-427, 丸善出版.

9) Yamashita, H. and Yasufuku, T. (2017)：Coastal planning：biodiversity conservation and ownership, Shimizu, H. *et al.* (eds.), *Labor Forces and Landscape Management: Japanese Case Studies*, pp.431-439, Springer.

10) Yamashita, H. (2022)：*Coastal Wetland Restoration: Public Pesception and Community Development*, Routleage.

2.2.2　汽水湖・チリカ湖（インド）の再生

a. 豊穣の潟湖（ラグーン）

チリカ（Chilika）湖はインド東部オディッシャ州のベンガル湾岸に位置する

図 2.8　*チリカ湖*

長さ：70 km, 幅：30 km（最大）, 面積：90600〜116500 ha, 水深：0.9〜3.7 m.
（写真提供：ラムサールセンター）

インド最大の潟湖（ラグーン）である（図 2.8）．年間 100 万羽以上の水鳥の生息地・越冬地として，1981 年にインド第 1 号のラムサール条約登録湿地となった．北東から南西方向に細長い形で横たわり，ベンガル湾とは長い砂嘴で隔てられ，中央付近の開口部（湖口）で海とつながる汽水湖である．

チリカ湖はインド東部の大河マハナディ（Mahanadi）川水系に属し，52 の河川が主に北東方向から流入し，膨大な量の淡水と土砂を運び込む．そして反時計周りに湖内をゆっくり循環し，引き潮とともに湖口からベンガル湾へと流出する．満潮時には逆に海水が流入し，同時に豊富な漁業資源を運んでくる．

淡水が流入する北部の水質は塩分濃度が低く，湖口に近いほど塩分濃度は高くなる．また潮の干満，降雨量の季節変化，サイクロンや高波などの気象条件によっても水環境は常に変動し，湖内は複雑なモザイク状の汽水環境となっている．

その多様な環境にあわせて海洋性，淡水性，汽水性の多くの魚貝類が生息し，有数の生物多様性，生物生産性を誇る豊穣の湖として，古くから漁業が盛んに営まれ，周辺に暮らす 20 万人の漁民と流域の 80 万人の人々の生活を直接的，間接的に支えてきた．

b. 死にかけた湖

ところが 1980 年代後半から 1990 年代，上流域の開発，土地利用の変化などに伴い，湖に流入する土砂の量が増大し，湖と海を隔てる砂嘴の形成に変化が生じた．堆積が進んで湾岸の砂丘の厚みが増し，湖口の位置が北東へ移動するとともに開口部が狭くなり，やがてほとんど閉めきられたようになった．干満にあわせて湖内の淡水と外海の海水が行き来する潟湖ならではの「呼吸」が止められてしまった．その結果，湖水の淡水化が進み，ホテイアオイが繁茂して水面を覆い，海からの漁業資源の供給が減り，魚貝の水揚げが減って，伝統的な漁業以外の生計手段を持ち合わせない漁民の暮らしが困窮した．

この危機を乗り越えるため，湿地生態系の回復と持続可能な開発の実現を目標とする「チリカ開発公社（Chilika Development Authority：CDA）」が 1990 年にオディッシャ州に設置された．1993 年にはインド政府の要請でチリカ湖は，ラムサール条約の「モントルーレコード（生態学的特徴が損なわれつつある登録湿地リスト）」に記載され，湿地生態系再生のための国際的支援が呼びかけられた．内外の科学者による検討の結果，「人為的に湖口を切って海水と湖水

の往来を回復するように」との提言が CDA に対して出された．しかし，これほどの大きな湖で，前例のない湖口開削という大事業は，もし成功しなければ地元住民にさらなる負荷をかける可能性もあって，CDA も簡単には踏み出せなかった．

c.　湿地生態系の回復に向けて

ためらう関係者の背中を推したのが，日本のサロマ湖（北海道北見市）の事例だった．オホーツク海沿岸に位置する日本最大の潟湖サロマ湖（15000 ha）は，かつてチリカ湖と同様，砂嘴の発達による湖口の閉塞に苦しみ，1929 年と1979 年に湖口を人工的に開削した．これによって湖内の汽水環境が良好に保たれるようになり，ホタテ貝の大規模な養殖事業に取り組み，日本有数のホタテの産地となった．

このサロマ湖の成功事例を CDA に紹介したのは，1998 年 12 月，オディッシャ州ブバネシュワルで開催された「チリカ湖管理計画ワークショップ」に参加した辻井達一（日本国際湿地保全連合会長（当時））だった．辻井はすぐに行動を起こし，翌 1999 年 8 月に CDA の最高責任者 A. K. パトナイク（A. K. Pattnaik）を北海道に招き，サロマ湖を見学させ，地元の漁業者と意見交換する機会を設けた．

チリカ湖と多くの共通点をもつサロマ湖の成果を自らの目で確認したパトナイクは，帰国してすぐの 9 月，湖口開削事業の開始に踏み切った．厚みのある砂丘を湖内から慎重に掘削していき，2000 年 9 月 23 日，ついに海から満ちてきた潮が，十数年ぶりに砂丘を乗り越えてチリカ湖に流れ込んだ．

その後のチリカ湖生態系の回復はめざましく，1984〜1999 年は年間 2000 t 程度にまで落ち込んでいた漁業生産量は 2001 年 5000 t，2017 年には 20000 t 近くまで増加している．チリカ湖は 2002 年，モントルーレコードから抹消され，CDA はこの湿地生態系回復のめざましい成果を顕彰され，ラムサール条約湿地保全賞を受賞した．

CDA はその後も湖の環境の科学的モニタリングを続けるかたわら，地元ステークホルダーを対象にした環境教育とキャパシティビルディングを進め，集水域での植林，漁港の整備，違法な漁具・漁法の規制，漁業協同組合の民主化，捕獲した魚貝の鮮度を保つための製氷設備の充実など，チリカ湖の持続可能な利用を実現するための活動を続けている．新しい湖口によって生息数を回復し

たイラワジカワイルカのウオッチングは人気の観光プログラムとなり，エコツーリズム事業が漁民の新たな代替生計手段となっている． 〔中村玲子〕

参考文献
・チリカ開発公社：チリカ湖ウェブサイト.
https://www.chilika.com/（参照 2022 年 4 月 6 日）
・Nakamura, R.（2005）: Essentials of stakeholder participation in the wise use of wetlands: good practices of two lagoons in Japan and India, *IDE Spot Survey*, 28.
・Pattnaik, A.K.（2017）: Restoration of Chilika Lake: a journey from Montreux Record to Ramsar Wetland Conservation Award and the way forward, *8th Asian Wetland Symposium Proceedings*, pp.29-30.

2.2.3　淡水湖である琵琶湖の湖岸帯の再生

滋賀県にある琵琶湖湖辺域は，豊かな自然環境を育むとともに，美しい景観を形成し，様々なかたちで利用されてきた．しかし，湖岸侵食や湖岸開発などの原因で砂浜やヨシ原が減少し，郷土の原風景が失われてきている．

滋賀県では，琵琶湖湖岸帯の砂浜や植生帯などの保全・再生に様々なかたちで取り組んでいる．具体的には，失われたヨシ等の再生，魚類の産卵繁殖の場の確保，湖岸の自然環境復元を目的とした事業を行っており，本項は「湖岸保全再生の取り組みの経過」と「砂浜湖岸保全事業」について紹介する．

a. 琵琶湖の概要

琵琶湖は淀川流域の最上流に位置し，日本最大の淡水湖として豊富な水量をたくわえ，琵琶湖周辺地域および下流域の産業や文化の発展に大きく寄与するとともに，京阪神の重要な水資源となっている．琵琶湖は水源としての価値だけでなく，豊かな自然環境や生態系を育み，美しい景観を形成する国民的資産である．

琵琶湖の湖面積は約 670 km^2 で，滋賀県の面積の約 6 分の 1 を占め，湖岸線延長は約 235 km にも及ぶ．琵琶湖湖岸を形態から分類すると，湖辺域全体に占める湖岸延長の割合は，図 2.9 のとおりである．琵琶湖湖岸は砂浜・植生帯・山地湖岸が 72% を占めており，多くの自然湖岸が存在している．

b. 琵琶湖の開発から保全再生

昭和 30 年代から昭和 40 年代（1955〜1965 頃）にかけての高度経済成長期には，琵琶湖の下流部にある京阪神地域の都市化に伴い増大する人口への対応の

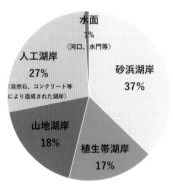

図 2.9 湖岸帯の形態（延長割合）
（平成 14（2002）年滋賀県河港課（現滋賀
県流域政策局）調査より）

ため，都市用水の需要は急激に増加した．また，琵琶湖の水質悪化が重大な問題となり，自然環境保全への風潮も強まっていた．こうした問題に対処するため，昭和 47（1972）年に琵琶湖総合開発特別措置法が制定され，下流の水需要にこたえるのと同時に滋賀県の地域開発を目的として「保全」,「治水」,「利水」を柱とする琵琶湖総合開発事業に着手した．昭和 47（1972）年にスタートし，二度にわたる延長を行い 25 年間，総額約 1 兆 9000 億円に上る一大国家プロジェクトは平成 9（1997）年に完了した．その結果，琵琶湖の水資源の有効利用促進や湖周辺の洪水，湛水被害の解消等に大きな成果があった．

この頃からヨシ帯や自然湖岸の減少など自然環境は大きく変化し，琵琶湖の生態系にも影響が生じた．このため，滋賀県は琵琶湖の保全対策を総合的に講じる計画として，平成 12（2000）年 3 月に「琵琶湖総合保全整備計画（マザーレイク 21 計画）」[1] を策定した．この計画により「水質保全」,「水源かん養」,「自然的環境・景観保全」の 3 つを目標の柱として琵琶湖の総合保全を進めてきた．

その後，在来魚貝類の減少や水草の大量繁茂，外来動植物の増加など多様化する課題に対応するために平成 27（2015）年に「琵琶湖の保全及び再生に関する法律（琵琶湖保全再生法）が公布・施行され，滋賀県は平成 29（2017）年 3 月に「琵琶湖保全再生計画」を策定した．令和 2（2020）年に，琵琶湖保全再生計画の第 1 期とマザーレイク 21 計画の計画期間が終期を迎えるのを機に，行政の施策については第 2 期琵琶湖保全再生計画に一元化し継承され，その計画に

基づき琵琶湖の保全および再生を推進している．さらに，「琵琶湖版 SDGs」で
あるマザーレイクゴールズ（MLGs）を策定し，多様な主体の取り組みを後押
しする仕組みを構築している．

c. 砂浜湖岸保全

　湖岸保全対策は，これまで「マザーレイク 21 計画」の「自然的環境・景観保
全対策」の一環として対策を実施してきており，現在は「琵琶湖保全再生計画」
に継承され取り組んでいる．その中でも砂浜の湖岸保全については，平成 4
(1992) 年度末頃から侵食被害が目立ち始めたことから，保全対策が必要とされ
た．河川改修事業の進展により川幅が広がり土砂の掃流力が減少したことで，
河川からの土砂供給量が圧倒的に減少した．このため，急速に湖岸侵食が進行
し，砂浜の消失，垂直の浜崖が生じ，樹木の倒壊，根元が波に洗われる等の被
害が生じている．

　そこで，滋賀県では平成 5 (1993) 年度に湖岸保全の整備方針として「湖岸保
全の手引き（案）」を作成し，平成 13 (2001) 年度には緊急に対策が必要な箇
所，湖水浴など人が利用しており重要な箇所，今後侵食が進行すると考えられ
る箇所として湖岸の 14 カ所（延長 22 km）で侵食対策の実施計画である「琵琶
湖河道整備事業計画書」[2] を策定した．さらに，砂浜湖岸，植生帯湖岸，山地湖
岸，人工湖岸に着目し，人と自然とが共生できる美しい琵琶湖を維持していく
ことを基本理念に保全・再生の考え方を示した「琵琶湖湖辺域保全・再生の基
本方針」[3] を策定し，近年では，グリーンインフラを積極的に導入する観点から
も砂浜湖岸保全事業を推進している．

　これまで，新海浜，守山なぎさ園等で砂浜の侵食防止対策を実施してきた．

図 2.10　湖岸侵食状況（マイアミ浜）　　　　図 2.11　養浜対策後（マイアミ浜）

いずれも愛知川等の河川河口部で河川改修に伴い土砂供給が減少した箇所である．現在は，高島市の鴨川河口部に位置する横江浜，野洲市のマイアミ浜，あやめ浜で，沿岸の砂の移動を止めるための「突堤」，河川からの流入土砂が望めず砂浜維持のため砂を投入する「養浜」，汀線の後退を停止し背後地を守るための「緩傾斜護岸」を組み合わせた湖岸保全対策を行っている（図2.10, 2.11）．

　このような面的防護（突堤，養浜，緩傾斜護岸）を基本とした対策により砂浜侵食は抑制され一定の効果はある．今後は，河川上流域からの土砂供給に関して流域全体の視野をもち，山地から河道，湖辺域への土砂動態の把握し総合的な土砂管理の方法を検討していくことが必要である．愛知川ではモデルを利用し土砂動態を把握し，土砂管理方法を検討している．河口部への土砂供給の促進対策として，河道に堆積している砂州を人為的に撹乱する「河床耕耘」（アーマーコート破壊）の有用性を把握している．今後も引き続き調査，効果検証を行いながら供給土砂量を確保するために有効な方策を検討していく．

〔上嶌鉄也・縣　　聡・片山大輔〕

引用文献

1) 滋賀県（2021）：琵琶湖総合保全整備計画（マザーレイク21計画）〈第2期改定版〉ふりかえり報告書 令和3年3月 滋賀県．
2) 滋賀県（2001）：琵琶湖河道整備事業計画書 平成13年3月 滋賀県．
3) 滋賀県（2004）：琵琶湖湖辺域保全・再生の基本方針 平成16年3月 滋賀県．

2.2.4　ウトナイ湖における湿原の再生

a. 美々川の自然再生と課題

　北海道苫小牧市を流れる美々川（びび）は，勇払川（ゆうふつ）の1支流である．美々川とウトナイ湖（美々川の終末で勇払川の本流の一部であるラムサール条約の登録湿地）の流域は，都市域にありながら貴重な原生自然環境を残している．しかしながら近年この流域では，源流部での湧水量減少と湧水水質の悪化によるクサヨシの繁茂，およびウトナイ湖周辺の樹林化（ハンノキ林の急激な拡大）が起こり，湖内では水生植物群落の多様性が低下した．このような状況の中で北海道は，美々川とウトナイ湖の自然の保全と再生を目指して2001年より美々川自然再生事業を進めている[1]．本項ではこの事業の一環として，湖水位を上昇させ，湿原を再生する取り組みを紹介する．

図 2.12 ウトナイ湖水位の変動（折れ線）と降水量（棒グラフ）
（湖水位データはウトナイ湖水位年報（室蘭建設管理部）より）

b. ウトナイ湖の概況

　ウトナイ湖は，北海道苫小牧市に位置し，美々川，オタルマップ川，および勇払川（本流）が流入する周囲 9.5 km, 面積 243 ha の淡水湖である．湖は北西岸，南東岸，および南西岸の 3 辺に囲まれた三角形であるが，主な湿原再生の場は北西岸の汀線より内陸側のうちの美々川とオタルマップ川にはさまれた一帯である．

c. 湖水位の変動と北西岸の植生変化

　ウトナイ湖を含む勇払川流域では，洪水対策や有効な土地利用を図るため，1964 年より勇払川の河川改修が進められてきた．ウトナイ湖より下流の工事は1968 年から 1978 年まで行われたが，このときの河川直線化事業に伴いウトナイ湖の水位は 231 cm（1969 年）から 161 cm（1977 年）まで低下した（図 2.12）．この結果，北西岸では植生が著しく変化し，樹林化が進んだ．このため湖水位を上昇させ 1960 年代の植生を復元することを目指して，1998 年にウトナイ湖の下流にウトナイ堰（可動堰）を設置した．

d. 植生変化のプロセス

　北西岸一帯では，1975 年にはフェン（イワノガリヤス，ムジナスゲ，ヨシなどが優占する湿原）よりも乾いた場所に，四季の花が豊富で優れた景観と高い生物多様性を有する高茎湿生草原（ナガボノワレモコウ，ヒメシダ，エゾリンドウ，およびススキ）が黒線で囲まれた場所で広がっていた（図 2.13）．しかし，2009 年までに，高茎湿生草原の多くはホザキシモツケ群落とハンノキ林に

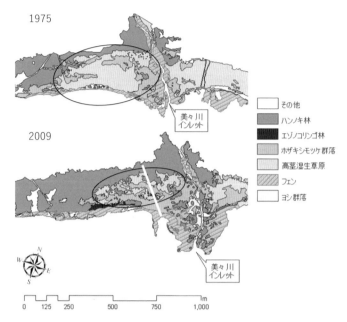

図 2.13　ウトナイ湖北西岸の 1975 年と 2009 年の植生変化（文献 2）を改変）
白線はモニタリングライン（L）.

置き換わってしまった.

　湿地域の急激な植生変化は，1970 年代に起こった急激なウトナイ湖の水位低下に誘発された可能性が高い．1975 年に高茎湿生草原だったところは，1962 年以前はフェンが占有していたと思われる．その後 1960〜1970 年代の急激な湖水位低下によってたくさんの中生の野生草本が侵入・繁殖し，高茎湿生草原が成立した．しかし高茎湿生草原は一時的に出現した草原であるため，1990 年代までにそのほとんどがホザキシモツケ群落とハンノキ林に遷移し，激減した．ハンノキの年輪解析によると，ハンノキ種子が高茎湿生草原で発芽し，実生が定着したのは 1960 年代中期から 1970 年代であり，湖水位が急激に低下していった 1970 年代と一致している[3].

e.　ウトナイ堰の堰上げと群落の変化

　室蘭建設管理部は 2015 年 12 月に湖の平均水位を 2 m から 2.1 m に 0.1 m 程度上げるためにウトナイ堰の堰上げを行った．平均水位は堰上げ前 1.99 m（2015）であり，堰上げ後は 204〜208 cm であった（図 2.12）．堰上げ前の 2015

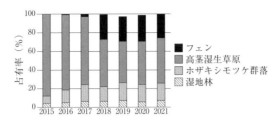

図 2.14 堰上げ前（2015）から堰上げ後（2016〜2021）のモニタリングライン上 55〜194 m での優占群落の占有率の変化

年，モニタリングライン上（図 2.13 の白線）で 1 m ごとの群落優占種調査をしたところ，高茎湿生草原の分布範囲は湖岸から 55〜194 m であり，その標高は 197〜223 cm であった．2015 年にはヒメシダ優占群落を主体とした高茎湿生草原が 88% 占有していたが，堰上げ後年々減少を続け，2019 年以降は 50% 以下になった（図 2.14）．一方，フェンは 2015 年にはまったくなかったが，2016 年からわずかに出現し始め，2108 年以降 25% 以上を占めた．ホザキシモツケ群落と湿地林（ハンノキほか）は堰上げ後わずかに増加したが，それぞれ，19% 以下と 7% 以下にとどまった．このように堰上げは高茎湿生草原をフェンに戻す効果があることが確認できた．またハンノキについても，堰上げ後に樹冠成長量や葉量の減少がみられ，衰退傾向にあることが推測された．

この結果を受け，2022 年 5 月から +0.2 m の運用を始めた．またハンノキの衰退傾向がみられたので，これを根拠にしたハンノキ除去試験も検討する．

〔矢部和夫〕

引用文献
1）北海道室蘭土木現業書（2007）：美々川自然再生計画書—水環境と地域の共生に向けて．
2）金井紀暁ほか（2011）：空中写真判読による 1975 年と 2009 年の間に起こったウトナイ湖とその周辺地域の植生変動の解析，札幌市立大学研究論文集，**5**，35-44．
3）石川幸男ほか（2015）：石狩低地帯南部ウトナイ湖北西岸におけるハンノキの定着と林分の成立過程，植生学雑誌，**32**，81-94．

2.2.5 イラン・アンザリ湿原における総合的湿地再生

a. 国際協力によるイランでの総合的湿地再生の取り組み

イラン北部カスピ海南岸に位置する約 193 km^2（流域面積：約 3610 km^2）の

アンザリ湿原は，1年を通して約250種の鳥類が確認され，十数万羽の鳥が越冬し，絶滅危惧鳥類の重要な生息場となっている．また，多くの回遊魚の再生産の場となっているなど，渡り鳥や魚類等にとって国際的に重要な生息地である（⟨e⟩図2.3）．その一方で，過剰な狩猟，カスピ海の水位変動，土砂堆積，水質汚濁，外来水生植物の繁茂等の環境劣化を理由に，1993年にラムサール条約の優先的な保全措置が必要な湿地リスト（モントルーレコード）に加えられた．こうした状況を踏まえ，イラン国政府からの要請に応じ，(独)国際協力機構（JICA）は2003年以来，技術支援プロジェクトの実施を通じてイラン国政府によるアンザリ湿原保全を支援してきた．本項では，2014〜2018年の5年間にわたって実施したJICA技術協力プロジェクト「アンザリ湿原環境管理プロジェクト・フェーズII」（以下，本プロジェクト）による総合的な湿原管理の仕組みづくりと保全施策の実施支援の取り組みの一部を紹介する．

b. 流域アプローチによる湿原保全の実施

本プロジェクトでは，第1年次に流域アプローチによる湿原保全に関する6分野（湿原生態系保全，流域管理，汚水管理，廃棄物管理，エコツーリズム，環境教育）について，既存のマスタープランを見直すかたちでプロジェクト期間中に実施すべき保全施策をアクションプランとして整理した．第2年次以降は，各分野の優先施策をイラン側の関係者とJICA専門家チームによる共同パイロット活動として実施し，同活動を通じてイラン側関係者に対して技術移転を行うとともに，小規模ながらもパイロット活動での実践経験を通じてプロジェクトサイクル（PDCA）の定着を図りつつ，本プロジェクト終了後にイラン側関係者が施策を独自に継続的に実施していくために「アンザリ湿原保全のための2020〜2030年におけるミッドタームプラン」を最終年次に策定した．

c. 総合的湿地再生を実現するための組織づくり

流域アプローチによる総合的湿地再生を実現するため，アンザリ湿原の保全を様々な保全課題の分野で持続的に実施すべく，ギラン州知事を委員長とし，州内の様々な関係機関の代表者をメンバーとしたアンザリ湿原管理委員会をJICA専門家チームの技術的支援のもとで設立した（⟨e⟩図2.4）．同委員会の下に7つの技術小委員会を設置し，プロジェクト活動を通じて技術小委員会に参加する様々な関係機関の実務者の能力強化によって，アンザリ湿原管理委員会の機能強化を図った．

図 2.15 アンザリ湿原の隣接村での村人主導によるエコツーリズムの試行の様子
（国際協力機構日本工営（2019）：イラン国アンザリ湿原環境管理プロジェクト・フェーズ
Ⅱ プロジェクト業務完了報告書より）

d. ワイズユースによる保全活動の促進

アンザリ湿原の主な直接的利用である鳥類の狩猟と漁業はギラン州環境庁に
より管理されてきた．アンザリ湿原内の 3 つの野生生物保護区と 1 つの保護地
区は湿原全体の約 30％の面積のみを占めており，残りの一部では，指定区画を
登録利用者に対して鳥類の狩猟と漁業に限って使用を許可するアバンダン（ペ
ルシャ語）という，イラン独特の慣習的土地活用手法が実践されてきた．その
ほかの利用としては，ハスの花の観賞や，湿原内をボートで走るアクティビテ
ィがある一方で，渡り鳥観察など豊かな湿原の動植物や湿原内外での文化資源
を活用したエコツーリズムや環境教育としての利用はほとんどなされていなか
った．そこで本プロジェクトでは湿原の隣接村での村人主導によるエコツーリ
ズムや様々な体験型環境教育プログラムの試行を通じてワイズユース（賢明な
利用）の実施促進を行った（図 2.15）．

e. 総合的湿地再生に欠かせないことを根づかせる

イラン側関係者は，流入河川の上流域からの土砂流入・堆積による湿原内の
水深の減少に対する対策を以前より考えており，近年では自国資金により，湿
原内の河川内への沈砂地設置などの対策を実施していた．しかしながら，土砂
の流入・堆積状況や，農地や養魚地のための取水などを含めた水収支やカスピ
海の水位変動との関係等，水文に関わる調査・検討をほとんど行わないままに
実施し，建設後に沈砂地の効果検証も行っておらず，湿原管理に関わるその他

図 2.16　アンザリ湿原への土砂流入抑止のための山地浸食抑制工事の試行の様子
（国際協力機構日本工営（2019）：イラン国アンザリ湿原環境管理プロジェクト・フェーズ II プロジ
ェクト業務完了報告書より）

の活動も同様の状況であった．そこで湿原管理者である政府機関の担当者に対
して，モニタリングデータの継続取得・解析や総合的な検討の重要性，中・長
期的な計画策定とその実施のマインドを根づかせることが，本プロジェクトを
通じたチャレンジの 1 つであった（図 2.16）．

　アンザリ湿原の美しい水流，豊かな生態系の保全およびワイズユースの実現
を地域住民と政府機関が連携して引き続き推進するとともに，流域アプローチ
と順応的な管理に基づく総合的湿原管理がイラン国内で普及し，ラムサール条約
発祥地としてイランが湿地保全モデルを近隣諸国に対して発信していくことを
期待する．　　　　　　　　　　　　　　　　　　　　　〔青木智男・渡辺　仁〕

参考文献
・国際協力機構　日本工営（2019）：イラン国アンザリ湿原環境管理プロジェクト・フェーズ
　II プロジェクト業務完了報告書.

2.2.6　多自然川づくりと遊水地整備による湿地再生

　河川における自然再生は，多自然川づくりや治水対策としての遊水地整備に
伴う氾濫原湿地の保全・再生，湿原や旧河道の再生，さらにトキやコウノトリ
の野生復帰を目標とした，河川−水田−里山まで含めた氾濫原生態系の再生など，
様々な目的，スケールで行われている．ここでは，多自然川づくりと遊水地整
備による氾濫原湿地再生の取り組みについてみていきたい．

a.　多自然川づくりとは？

　高度経済成長期以降，国土の開発や河川改修等が急速に進み，河川をとりま

く環境は大きく改変された．このような中，1970年代に一ノ坂川（山口県山口市）においてホタルが生育できる水際域と護岸が整備され，1980年代になると，いたち川（神奈川県横浜市）において，河川改修によって直線化された平坦な川に水際植生帯と多様な流れが創出された．小田川（愛媛県五十崎町）では，市民グループがスイスやドイツ・バイエルン州で行われていた近自然河川工法（Natur-naher Wasserbau）を視察し，これを参考に，石やヤナギ等植物を用いた工法による生物の生息環境の創出，まちづくりと一体となった川づくりが行われた．このような動きを踏まえ，1990年，建設省（現 国土交通省）は全国に「多自然型川づくり」の推進を通達し，その後，1997年には河川法を改正し，「河川環境の整備と保全」が治水・利水とともに河川管理の目的に位置づけた．「多自然型川づくり」は2006年に「多自然川づくり」に名称が変更され，「河川全体の自然の営みを視野に入れ，地域の暮らしや歴史・文化との調和にも配慮し，河川が本来有している生物の生息・生育・繁殖環境及び多様な河川景観を保全・創出するために河川管理を行うこと」と定義された．各河川の特徴や現状，住民のニーズを踏まえ，河畔林，礫河原，瀬・淵，ワンド，ヨシ原，干潟などの保全・再生，河川の連続性，水系ネットワーク，水域や陸域とのネットワークの保全・再生，子供が遊べ，にぎわいのある水辺づくり等が行われている．

b. 河川における氾濫原湿地の創出

特に人々が暮らす平野部においては，堤防建設や河川改修によって，多くの止水域や湿地帯などの氾濫原湿地が失われてきた．河川におけるワンドやたまり等の創出は，限られた河川空間の中でそれらの環境がもっていた機能の一部を代替しようとする取り組みの一つである（図2.17）．また，一部区間の川幅を拡幅することも，湿地環境を創出するための有効な手法の1つとなる．福岡県北九州市市街地を流れる板櫃川において，上下流の3倍程度に川幅が拡幅された区間では，ヨシ原や止水域が形成され，オヤニラミなどの氾濫原依存種が生息する湿地環境が創出されている（図2.18）．松浦川（佐賀県）では，かつて氾濫原であった河川と隣接する水田の地盤を掘り下げ，本流と接続したクリークや冠水頻度が異なる湿地が再生された（図2.19）．イシガイ類，ナマズ，ドジョウ，メダカやタナゴなどや水生昆虫などの氾濫原依存種の生息場や産卵場として機能している．また，環境教育や伝統行事も行われるなど，かつての人

図2.17 菊池川中流域に創出されたワンド(熊本県) 洪水のたびに変化するが，稚魚や水生昆虫のハビタットとして機能している．

図2.18 川幅が拡幅された区間（板櫃川） ヨシ原や止水域がみられ様々な生物が生息する空間が形成されている．

図2.19 松浦川アザメの瀬地区における氾濫原湿地の再生（佐賀県唐津市） （写真左撮影：寺村　淳）

と川との関係性を取り戻し，住民が交流する場にもなっている．

c. 遊水地整備に伴う氾濫原湿地の再生

　遊水地は，洪水時に河川から水を流入させ一時的に貯留し，下流に流れる流量を減らすための治水施設であり，河川の合流部の湿地や河川沿いの低地など，氾濫しやすい場所に整備されることが多い．このような土地がもともと有していた自然の遊水機能を活かして遊水地として整備し，同時に損なわれてきた河川‒氾濫原生態系の再生の場として生物多様性を支えている事例がある．渡良瀬遊水地は，渡良瀬川に思川，巴波川が合流する地点の広大な湿地を取り囲むように堤（囲繞堤）を設置することで整備された日本最大の遊水地（33 km²）であり，トネハナヤスリ，タチスミレ，チュウヒなどの多くの希少種を含む動植物が生息している．蕪栗沼は，かつて北上川の氾濫原の低地に形成された10 km²

を超える広大な沼であり，河道の付け替え工事や干拓事業によってその規模は大きく縮小したが，その後，治水面からの遊水機能や天然記念物のマガンなど渡り鳥の重要な飛来地であったことから，隣接する水田を湿地にもどし，周辺の水田とあわせて遊水地として整備された（2.2.8項参照）．千歳川においても湿地帯が遊水地として整備されている（2.2.7項参照）．気候変動が進む中，遊水地は，生態系を活用した防災・減災（Eco-DRR）や自然に根ざした解決策（NbS）の事例としても注目されている．

　本来，氾濫原は，洪水による攪乱を受けたばかりの場所や遷移が進んだ場所が時間的，空間的に変化しながら成立することで，様々な生物の生息場を提供してきた．しかし，遊水地には洪水流が河川から流入するが，攪乱が小さいため，時間の経過にともない植生遷移が進み樹木が繁茂するようになる．筆者らが，熊本県阿蘇市を流れる白川水系黒川に整備された建設からの経過年数が異なる5つの遊水地を対象に生物調査を行ったところ，ゲンゴロウなどのように遷移初期の湿地を生息場とする水生昆虫の種数は，建設から間もない遊水地では多く確認できるが，遷移が進んだ高茎草本や樹木が生育する遊水地では少なかった．ただし，5つの遊水地全体でみると，国や県が指定している絶滅危惧種34種を含む358種の多様な動植物が確認され，建設からの経過年数の違いや除草などの管理の有無によって遷移段階の異なる湿地が創出され，多様な生物の生息場が提供されている．今後も多様な湿地環境が維持されるよう，適切な植生や土砂の管理が望まれる．

　静岡県麻機遊水地では，自然再生のみでなく，環境教育の場，子供たちの心身の発達や健康増進・福祉の場としての活用も積極的に行われている．今後，人口減少が加速するが，社会的ニーズを踏まえ，持続的な地域社会に貢献する視点をもち，多様な主体が関われる仕組みやマネジメントがより必要となるだろう．

〔皆川朋子〕

2.2.7　千歳川放水路計画の中止から遊水地による湿地再生

a．千歳川放水路計画とは

　1981年8月の豪雨により北海道内では史上最大規模の洪水となり，道央圏を中心に床上，床下あわせて2万6000棟の浸水被害が出た．北海道中西部から日本海へ注ぐ石狩川は明治期以降開拓・開発が進められてきたが，治水の重点を

大正期以降，蛇行のショートカットに置き，次に堤防強化を進め，その結果，直線化が進んだ．降った雨をいち早く流すことで洪水を防ごうというものだ．一見，理にかなっているようだが，千歳川など支流からの流入と本流のピークが重なると，「内水氾濫」が起きたのだ．

　北海道開発局は，開発計画を150年に1回の大災害にも耐えるものに変え，さらに石狩大橋で基本高水流量を2倍の毎秒1万8000 m³に設定した．放水路は，空知管内長沼町の馬追原野の大学排水路を基点に千歳市，安平町早来を通って苫小牧市の安平川河口までの約40 km．3分の2は，既存の河川を拡幅し，残りは新たに掘削する．水路の幅は，200〜300 m．日本海に流れる千歳川の水を太平洋に流す前例のない計画であった．石狩川と千歳川の合流点に締切水門，千歳川と放水路の合流点に呑口水門，さらに河口には海水が上がってこないように潮止堰を設置する．平常時には呑口水門を閉じて締切水門を開けて現状通り千歳川の水は石狩川に流す．洪水時には逆に，締切水門を閉め，石狩川との縁を切り呑口水門を開け千歳川の水を太平洋に流すというものだった（図2.20）．

b. 放水路計画が中止に至るまで

　しかし，計画には数多くの反対の声が寄せられた．自然保護関係者において計画に反対する最大の理由は日本で第1号のサンクチュアリであるウトナイ湖とその水源である美々川への悪影響であった．また，苫小牧市美沢・植苗地区酪農組合，北海道および苫小牧漁業共同組合，労働組合や市民による根強い反

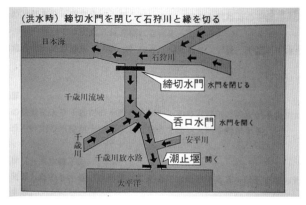

図2.20　千歳川放水路のしくみ
（北海道開発局「千歳川放水路計画について」より）

対運動が続いた.

　問題解決のために 1997 年に北海道が,「千歳川流域治水対策検討委員会」を設けた. 1 年以上の議論の末, 1999 年に, 放水路に代わる対案は, 総合治水対策で行うべきであると委員会から知事に答申することになった. そして, 同年 7 月 30 日事業主体である北海道開発庁と建設省 (当時) は, 計画策定の 1982 年 3 月から 17 年以上経過して正式に放水路計画の中止を決定し発表した. 無駄な公共事業見直しの時代の大きな流れ, そして, 決してあきらめることなく 17 年間続けてきた市民運動. 酪農家, 漁業者, 研究者との連帯の結果であった.

c. 放水路に代わる治水策

　2015 年 11 月, 筆者は長沼町にある舞鶴遊水地を初めて見に行った. そこには数百羽のコハクチョウやマガンが群れ, 素晴らしい湿原環境が復元しており感激した. 元は水田だが, その水田は洪水のたびに水に浸かる低い土地で, 馬追沼を干拓してつくったものであり, 水田がつくられる以前は, 多くの水鳥が羽を休めた場所なのだ.

　北海道開発局は, 千歳川放水路計画の中止を受け,「堤防強化 (遊水地併用) 案」を盛り込んだ千歳川河川整備計画を 2005 年に策定した.

　千歳川の新たな治水対策は, 河道の堀削, 堤防の整備とあわせて, 洪水時の水位上昇を抑えるために, 遊水地 6 カ所を千歳川本・支川の地先に分散して整備した[1]. その中の 1 つ, 舞鶴遊水地では, 造成をきっかけにタンチョウが舞う風景を取り戻そうと住民有志で「舞鶴遊水地にタンチョウを呼び戻す会」が 2014 年に設立された. そして, 2021 年約 100 年ぶりに札幌圏でタンチョウが繁殖した.

d. 安平川遊水地をラムサール条約湿地に

　2003 年, 北海道は千歳川放水路に代わる安平川水系の治水計画を検討する場として, 安平川河川整備計画検討委員会を設置し, ウトナイ湖サンクチュアリのレンジャーも委員となった. この治水計画の特徴は, 安平川下流部や弁天沼周辺の湿地帯を, 天然の遊水地として活用することにある. このエリアが遊水地になれば工業用地から外れ, 洪水防止と希少鳥類の生息保全が両立できる.「河道内調整地 (遊水地)」[2]の面積を 950 ha とすることが 2014 年の協議会で決定した.

　日本野鳥の会は, 2016 年 11 月に苫小牧市長にウトナイ湖の登録地を拡大するかたちで勇払原野 (950 ha の遊水地を中心) のラムサール条約湿地登録の提

案を行った．その後，一般市民に向けた学習会や観察会の実施，また関係機関へのはたらきかけなどを行っている．

　千歳川放水路計画の中止が，舞鶴遊水地を代表とした千歳川流域に，そして苫東工業地域に遊水地というかたちで湿地や原野の復元，保全をもたらした．

〔大畑孝二〕

引用文献

1) 国土交通省北海道開発局札幌開発建設部：川づくりの取り組み 千歳川流域の治水対策．
　https://www.hkd.mlit.go.jp/sp/kasen_keikaku/kluhh40000001qfy.html（参照 2023 年 1 月23 日）
2) 北海道（2013）：安平川水系河川整備計画，p.29，図 2-2.
　https://www.iburi.pref.hokkaido.lg.jp/fs/1/9/7/7/8/2/7/_/abira1.pdf（参照 2023 年 1 月 23 日）

参考文献

・日本野鳥の会ほか編（2003）：市民が止めた！　千歳川放水路─公共事業を変える道すじ，北海道新聞社．

2.2.8　蕪栗沼の遊水地機能を活かした湿地再生

a．一極集中したガン類の分散化手法としての湿地再生

　ガン類は，かつては日本各地でその姿が見られたが，とりわけ第二次世界大戦後の経済成長と狩猟圧により，個体数と生息地が激減し，1970 年には絶滅の危機を迎えた．1971 年にすべてのガン類が保護され絶滅は免れたが，生息地の大半が消失し，大多数が宮城県北部の伊豆沼に集中・越冬するようになった[1,2]．

　その後，伊豆沼のガンは増加したが，新たな 2 つの問題が生じた．1 つはガンを「害鳥」と考える地元農家との軋轢，もう 1 つは感染症などで，群れが絶滅する危険性が高まったことだった．1994 年に環境庁（当時）は「水鳥類渡来地集中化問題分科会」を設置し，伊豆沼の 10 km 南にある蕪栗沼へのガン類の分散化と，同沼の鳥獣保護区化が検討された．

　蕪栗沼の鳥獣保護区化は，地元農家の合意が得られずに挫折したが，これを契機に「ガンと農業の共生」を模索しながら，蕪栗沼へのガン類の分散を実現する取り組みが始まった．それは，蕪栗沼での湿地再生と周辺水田での「ふゆみずたんぼ」の取り組みへと発展していった[1-4]．

b．蕪栗沼の掘削計画を契機に始まった湿地再生の取り組み

　保護区化が挫折した翌 1996 年，宮城県河川課による蕪栗沼全体を 1 m 掘削

する計画があることがわかった. 県は1970年に蕪栗沼と周辺水田で遊水地事業に着手. 豪雨時に沼の水を周辺水田に越流させ, 下流の洪水を防ぐための堤防工事が進んでいた. 全面掘削の理由は沼が浅くなり貯水容量低下のためだという. 計画が実施されると, 沼の自然がすべて消滅し, 生きものの住めない沼になってしまう. 沼は存亡の危機を迎えた[1].

沼の全面掘削は, ガンと農業の共生同様, 解決困難な問題だったが, 見識や影響力をもつ人々を蕪栗沼に招き助言を求めた. やがて参議院環境特別委員会で質疑が行われ, 関係省庁の建設省（当時）が「全面掘削は行わない」と答弁. その後, 県も計画を撤回し, 蕪栗沼は危機を脱した. ガンと農業の共生活動も進展した. その契機は, 沼に隣接した「白鳥地区水田」（50 ha）の代表農家と田尻町（当時）関係者との出会いだった. 相互理解が深まり, 協働した湿地再生活動が可能になった.

面積50 haの白鳥地区水田は蕪栗沼遊水地に含まれ, 100名あまりの農家が耕作を行っていた. 水との闘いが続いていたが, 全面掘削計画が問題解決の転機になった. 計画が中止となると, すべての関係者が参加し, 沼の未来を議論する「蕪栗沼遊水地懇談会」ができた. NGOが提案し, 県が設置した. 多くの人が沼に関心をもつようになり, 懇談会では4年間議論し, 治水環境農業に配慮した「蕪栗沼環境管理基本計画」を作成した.

同懇談会での議論と連動し, 白鳥地区の全農業者の同意を得て同地区を沼に戻すことになった. 1998年, すべての耕作者が撤退し白鳥地区は湿地に再生され, 蕪栗沼の面積は1.5倍（150 ha）となった. これは自然再生推進法施行の4年前に行われた先駆的な取り組みだった[1-4]. 湿地再生後の管理方法を相談するために県の事務所を訪問し, 白鳥地区全面に水を張り水面とするよう要望した. 県は「遊水地内に水を入れるのは, 治水上説明がつかない」と拒否した. その一方で, 遊水地の断面図を示し, 「遊水地容量に影響がなければ可能」ともいう. そこで, 自力で白鳥地区を測量した結果, 実際の地形は図面よりも最大80 cmほど低く, 全域に浅く水を張っても, 治水上問題ないことがわかった[1]（〈e〉図2.5）.

白鳥地区は, 一部の畦や農道が見える広くて浅い水域へと変貌し（図2.21）, 多様な生きものがよみがえった. やがてガンの群れもねぐらに使うようになり, 蕪栗沼全体の生息数は倍増した[1-4]（〈e〉図2.6）. 白鳥地区の湿地再生は, 蕪栗

図2.21 湿地に復元された白鳥地区水田跡地（2002年4月22日）
画面右側の長方形の水域，その左は蕪栗沼．（撮影：香川裕之）

沼のガン類の収容力を倍増させただけでなく，その後始まったガンとの共生を
目指す「ふゆみずたんぼ」の取り組みに大きなヒントを与えた[2]．

c. 再生した湿地の景観を維持するための課題と解決策

　蕪栗沼と接する白鳥地区堤防は当初は全体にかさ上げし，その一部をコンク
リート製の越流堤とする計画だった．懇談会では，治水にも配慮しながら景観，
環境保全の観点からこの問題を議論し，長さ1kmの白鳥地区堤防全体を景観
変えずに土の越流堤として活かすことになった．

　白鳥地区は，周囲を堤防で囲まれ，揚排水機場以外に流入出水路がない閉鎖
水域で，水深も浅いため，夏と冬に水質が悪化し水辺の生物の生存を脅かすよ
うになった．この問題は，県が地元環境NGOに揚排水機場の管理を委託し，ポ
ンプの試験運転を水質管理を兼ねて柔軟に行うという方法で解決を図った[3]．

　白鳥地区は平水時の水深は最深でも80cmと浅く，植生の遷移と陸化が進み
やすく，どのようにこれを抑制するかは湿地の寿命にも関わる大きな問題だっ
た．実際に白鳥地区の周辺部は一時的に陸生の草が繁茂するが，その拡大は抑
制されている．その理由は，沼の水位上昇により不定期に白鳥地区へ沼の水が
越流し，数日間滞留するためである．宮城県の資料によると，2005〜2022年の
18年間で，蕪栗沼から白鳥地区へ12回の越流が記録され，その水は平均4.58
日間白鳥地区に滞留している（〈e〉表2.1）．この自然の撹乱によりこの間大多
数の植物は水没し，陸生植物の侵入が抑制され，安定した湿地植生が維持され
ている．　　　　　　　　　　　　　　　　　　　　　　　　　　　　　〔呉地正行〕

引用文献

1) 呉地正行 (2021)：未来に向けた活動―ガンとの共生をめざす「ふゆみずたんぼ」, 呉地正行・須川　恒編著, シジュウカラガン物語, pp.247-272, 京都通信社.
2) 呉地正行 (2007)：水田の農業湿地としての特性を活かす, ふゆみずたんぼ, 鷲谷いづみ編, コウノトリの贈り物, pp.99-130, 地人書館.
3) 呉地正行 (2005)：宮城県・蕪栗沼での湿地の保全・復元事例, 西野麻知子・浜端悦治編, 内湖からのメッセージ, pp.180-183, サンライズ出版.
4) 呉地正行 (2007)：水田の特性を活かした湿地環境と地域循環型社会の回復―宮城県・蕪栗沼周辺での水鳥と水田農業の共生をめざす取り組み, 地球環境, **12**(1), 49-64.

2.2.9　円山川流域における氾濫原の再生

a. コウノトリの再導入と生態的地位

コウノトリはロシア極東から中国にかけての東アジア地域に生息する大型の鳥類である. 我が国の個体群は1971年に野生絶滅したが, 兵庫県および豊岡市による絶え間ない保護増殖事業により1989年には飼育下繁殖に成功し, 2005年には野外への再導入に至っている. その後, 2007年に円山川下流右岸地域（百合地地区）で初の野外繁殖が確認され, 流域内に点々と営巣地を拡大させ, 今や但馬地域のみならず, 南は徳島県鳴門市（2016年〜）, 西は島根県雲南市（2017年〜）, 北は福井県越前市（2017年〜）, 東は栃木県小山市（2020年〜）にまで繁殖地が拡大している. それにともない2021年には個体数が250を超えるに至っており, 彼らの飛来先は国内全域にとどまらず, 韓国や北朝鮮, 中国にまで達している.

コウノトリは田園生態系のトッププレデター（最上位捕食者）であり, 様々な小動物（死体を含む）を食する. 魚類, 昆虫類, 両生・爬虫類, 哺乳類に至るまで, 39分類群が確認されており[1], その時期によって採取しやすいものを食す傾向にある. 例えば, 早春には水辺に産卵のために集まるアカガエル類を, 夜も徹して採餌し（中尾, 未発表）, 秋季には瀬において集団産卵するアユ（落ちアユ）をねらって川面に立ち込むコウノトリが流域で点々とみられる. また夏季には, 円山川左岸の水田エリアではコバネイナゴを, 川をまたいだ右岸の耕作放棄地ではケラが多く食されていた. すなわち, その場の土地利用の特性に沿って発生もしくは集合するもの（採餌効率が良いもの）を食しているといえよう.

絶滅前のコウノトリ個体群は汽水・淡水魚類, 両生類を含み様々な種類をバ

ランスよく食していた一方で，再導入後の個体群は昆虫への偏食がみられるようになった[2]．魚類の採餌減少については，そもそもの流域内の生息量が減少し，かつ水域の分断化も相まって採餌域までの遡上が減少したことが要因であろう．その一方で，2003年以降に流域内で拡大してきた無農薬・減農薬の「コウノトリ育む農法」水田により増加した昆虫類に食依存するようになったことが考えられる．「昆虫食でも食えていればよいのでは？」ということを度々指摘されるが，コウノトリの野生復帰は地域固有の生物多様性，健全な生態系の復活を目的としているので，本来の生態ピラミッドの構成種が抜けてしまい，ピラミッドが貧弱になってしまうことは本意ではない．ちなみに現状では，コウノトリの栄養レベルはヘビ類と同じ低いレベルにとどまっており（松本，未発表），すなわち，1971年以前の絶滅前よりも生態ピラミッドが変質していることがうかがえる．

b.　円山川における水辺再生の4本柱

　以上より，コウノトリの繁殖地が複数分布する円山川流域では，河道内外かかわらず多様な生物が生息できるような水辺整備が進められてきた．特にこれまでに重点的に整備が行われてきたのは，日本海河口から直線距離にして23km上流の出石町に至る円山川本流および支流の出石川を含む豊岡盆地エリアであり，①河道内湿地の整備，②河道外湿地の整備，③湿地の連続性確保，④小さな自然再生，の4本柱で進めてきた．なお，当該地域の円山川の河床勾配は1/10000であり，上流18km地点まで汽水・海水魚類が遡上できる地勢にあり，その遡上は水田水域にまで達するポテンシャルを有する．本項では①について事例を交えて紹介し，水辺再生の関連記事については豊岡河川国道事務所や兵庫県立コウノトリの郷公園，そして著者のウェブサイト（〈e〉2.1）を参照されたい．

　河道内にいかにして湿地をつくるのか．一言でいえば「河道掘削の工夫と人為的水位操作による氾濫原の創出」である．

　事例1：河口から6km地点にみられる「ひのそ島（工事前16ha）」の両岸には火山岩質の山が張り出しており河道閉塞を起こす場所となっていた．当初は，河積確保のため島全体の掘削が計画されていたが，島の縦断方向に半分（8ha）は深く完全に取り除き，残った半分（8ha）は平水位レベルまで盤下げすることにより（掘削土砂量は計34万m³），塩性湿地を創出した．湿地ではヒヌマイ

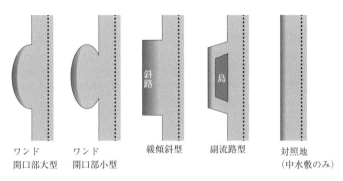

図2.22 4タイプの水辺創出地
薄い塗りつぶしは水域を，■は捨石を示す．

トトンボの生息やコウノトリの採餌が確認されるに至っている．

　事例2：河口から11～16 km 区間では中水敷の造成を行ってきた．こちらも河積確保のための高水敷掘削であるが，その切り方を工夫し，深く土砂をとらずに浅く広く土砂掘削を行い，高水敷と低水路の間に浅水域（水深30 cm，幅30 m，累積延長8 km）を設けたものである．その結果，それまでは深くて立ち込めなかったコウノトリに休息場所を提供した．しかしながら，その他の生物に対しては期待した効果がみられなかったため，中水敷をさらに高水敷方向に土砂掘削することにより4タイプの水辺を複数箇所創出した（図2.22）．その結果，魚類の個体数や種数が創出地で増加し，コウノトリ，サギ類およびガンカモ類を含む中・大型鳥類の採餌行動は創出地で卓越した[3]．特にコウノトリについては，創出地のタイプには好みはみられなかったものの，創出地が近接して一体となった広い水辺を選択する傾向が確認された．

　c. 水辺再生の今後

　円山川流域の水辺再生は現在進行形にある．今回は紹介ができなかったが，人為的水位操作による氾濫原湿地の創出については，支流の出石川に造成した加陽湿地での実証実験が行われている．また，本流では新たなスタイルの遊水地の施行に着手しており，環境樋門，維持流量，創出湿地のタイプの検討が円山川水系自然再生推進委員会の中で議論されている．著者も委員の1人として，円山川における今後の水辺再生が流域治水をも含有した我が国におけるよい先駆事例になることを目指している．　　　　　　　　　　　　〔佐川志朗〕

引用文献

1) 田和康太ほか（2016）：9年間のモニタリングデータに基づく野外コウノトリ *Ciconia boyciana* の食性，野生復帰，**4**，75-86.
2) Tawa, K. and Sagawa, S.（2020）：Stable isotopic analysis of stuffed specimens revealed the feeding habits of Oriental Storks *Ciconia boyciana* in Japan before their extinction in the wild, *Journal of Ornithology*, **162**, 193-206.
3) 植木祐次・佐川志朗（2022）：兵庫県北部円山川下流域における中・大型水鳥類からみた河道内水辺再生地の評価，野生復帰，**10**：49-54.

2.2.10 放棄された迫田における湿地再生

a. 迫の湿地生態系の現状

水田は多くの生き物が生息する湿地である．しかし，圃場整備や農薬使用により，水田生物の多くが絶滅危惧種となった．現在では，それら絶滅危惧種は，迫にある水田（迫田）で確認されることが多い．九州では，山間の谷間にある水田は迫田と呼ばれる．森林とセットになり水田と森林を行き来する生物に有利なこと，圃場整備されていない場所が多く泥が深く乾きにくいこと，自家用米が多く比較的農薬の使用が抑えられていること，湧き水があることが多く常に湿っていたり，農薬が薄まったりすること等が迫田に絶滅危惧種が残存している理由であると考えられる．ただし，迫田は，日当たりの悪さ，獣害の多さ，1枚あたりが小規模かつ湿田であることによる営農効率の悪さなどを理由として，放棄されることが多い．熊本県南部に位置する球磨盆地においても，盆地周辺の迫田の多くは放棄されている．放棄が継続すると湿田であっても徐々に陸化し，湿地性絶滅危惧種の生息が難しくなっている．

b. 迫の湿地再生

筆者らは球磨盆地の放棄された迫田の湿地再生を複数行っているが，そのうち，作業の方法が異なる2つの事例を紹介したい．

1つ目の迫は，泥が深い迫である．2011年の調査[1]において，例えば，水草類では環境省レッドリストまたは熊本県レッドリスト掲載種が9種確認されている．大型の水生昆虫であるタガメ（熊本県レッドリスト絶滅危惧IA類）に関しては，この地方最大の生息地であった．ここは，圃場整備されることなく20人ほどの所有者により耕作が続けられてきた．しかし，1980年頃から徐々に放棄され，2012年を最後にすべて放棄された．放棄により開放的な水面が消失し，沈水・浮葉植物や，丈の低い湿地性草本が消失・減少した．タガメは，2014年

には，その年に新しく成虫になったものが100個体程度，繁殖個体数が30個体程度と推定された．

そのため，過去に生息した絶滅危惧種が生息可能な環境に戻すことを目標に2014年から湿地再生を行っている[2)]．ここでは，タガメを中心的な指標とし，水草類や他の生物もモニタリングしながら順応的に進めた．

泥の深さのために耕耘機が入らないことから，草本の除去等は人力で行った．活動は，地元の有志，高校生や大学生のボランティアが，植物の根が絡み合った泥表面の厚さ10 cmほどを切り出し，地表高を下げるとともに，切り出した植物片と泥により畔をつくった．通常，地表下の比較的高い場所に水位があるために，この作業で開放的な水面が広がる水場を形成することができた（図2.23）．

2022年現在，造成した開放水面の面積は，この迫（222 a）のうち36 aとなった．タガメの個体数は約3〜4倍になり，水草の絶滅危惧種では，過去に確認された記録のある9種のうち7種，過去に記録のない水草2種が確認された．

一度開放水面を造成しても，イノシシによる畔の破壊や植物の繁茂により水深が保てず，タガメの密度が低下したことがあった．そのため，毎年畔の補修をし，定期的に水草を除去し，部分的には水稲の栽培をしてそれを刈り取ることで10 cm程度の水深を維持している．

もう1つの迫（約60 a）は，最上流の一部は湿田（20 a）であるものの，他は乾田である．20年以上放置された湿田はそのままにし，放棄から4年の乾田24 aを2016年に復田した．周辺から倒れた木を除去し，草本を刈り，畔をつく

図 2.23 開放水面の造成前（左）と後（右）
右の水面には絶滅危惧種のデンジソウなどの水草類が見える．

り直し，水路を再生し，耕耘機を入れ，代掻きを何度かすることで水をためた．通年湛水し，無農薬で水稲を栽培した．その結果，この迫も，複数の絶滅危惧の水草および畔植物が確認されるようになった．また，遺伝的多様性に配慮しつつ先に述べた迫からタガメを導入した．毎年の新しい成虫数が500～600個体で，2021年まで比較的安定的な個体群を維持している．この迫の維持は，機械で耕耘し，通常の水稲栽培を行っているので，楽に比較的広い面積を維持することができている．

c. 迫の湿地再生の今後

タガメのような種の場合，1つの迫を再生しても，個体群存続と遺伝的多様性保持には不十分である．筆者らは遺伝的多様性を保持できる有効集団サイズ500～1000個体のタガメ集団を維持するためには，3～4 haの良い状態の湿地が必要と見積もっている．そのため，複数の生息可能な迫を交流可能な状態にすることが必要である．また，迫ごとに環境や履歴が異なるために，湿地再生した場合に確認される生物相が異なる．球磨郡における湿地の生物多様性を維持するためには，全種が相補いつつ生息できる様々な生息地を確保する必要がある．

球磨盆地内には，数十～数百 a ほどの耕作放棄された迫が50以上ある．これらを活用し，タガメのような大型水生昆虫の遺伝的多様性を持続するための生息地箇所数・面積・配置を検討し，球磨郡の湿地性生物全種が相補的に生息できる様々な迫の生息地の再生を進めている．

ところで，この熊本県球磨地方は，2020年7月に豪雨による水害を受けた．現在，流域全体で河川への水の流出を抑制していく流域治水が進められつつある．迫湿地は，水の流出を抑制する構造を強化することで多面的な価値をもち，社会的により受容されるようになるだろう． 〔一柳英隆〕

引用文献

1) 犬童淳一郎ほか編 (2013)：熊本県球磨郡相良村における湿地調査記録，別冊 VIATE，九州大学生物研究部．
2) 一柳英隆ほか (2020)：熊本県球磨郡における地域・学校と連携した湿地性希少生物の保全，自然保護助成基金助成成果報告，**29**, 316-321.

2.2.11 雨庭を活用した湿地の創出と生物多様性の保全事例

a. 雨庭とは

雨庭（rain garden）というコンセプトが普及し始めたのは1980年代末のことである．雨庭は，雨水の一時貯留・浸透機能を重視した人工湿地といえる．米国東部のメリーランド州で，都市的な開発に伴う雨水の排水処理を管理する方法（storm water management）として推進された小規模分散システムを指すことが多い．浸透桝や浸透トレンチのような単機能の装置ではなく，雨の生態系サービスに配慮した雨水処理法であり，NbS（Nature-based Solutions）の1種である．筆者は「都市が邪魔者として，すぐ下水に流していた雨．それを受け止めて恵みに変え，大雨の災いを和らげる魔法」であって「温暖化に伴う集中豪雨と生物多様性の損失，それに活性窒素の過多という三大地球環境危機に対して，賢く適応する都市デザイン要素でかつ，自然立地を生かした安全・安心の土地利用」と，雨庭を定義した[1]．

温暖化に伴う集中豪雨災害が頻発する傾向がある中，「庭」という新たな価値を生むためか，世界中で広く雨庭が普及し，北米ではLID（low impact development：低環境負荷の都市的開発）における雨水管理の要素としても位置づけられている．

京都では市当局，（公財）京都市都市緑化協会，京のアジェンダ21フォーラム，京都駅ビル開発(株)ならびにKES環境機構の五者がネットワークをつくって，文化に関わり深い絶滅危惧植物等「和の花」の保全再生活動が行われており，民間事業者の雨庭が域外保全活動「京の生きもの・文化協働再生プロジェクト」として認定されている．また，四条堀川交差点（第1回グリーンインフラ大賞優秀賞）に始まる京都市の街路型雨庭事業や，環境省管理の京都御苑の間之町口雨庭でも，「和の花」や地域性種苗も用いるなどの生物多様性への配慮がみられる．

b. 伊香立公園の人工湧水湿地

雨庭というコンセプトが日本ではまだ一般化していなかった2008年頃に，生物生息環境の保全再生を目指して湧水湿地の自然生態園が整備された．UR都市機構（旧 住宅公団）による滋賀県伊香立の丘陵地の面的開発の環境アセスメントでヤマトサンショウウオ（旧分類：カスミサンショウウオ）とダルマガエルの保全が課題となった場所だ．筆者らは，産卵場所の棚田の改変が希少種存

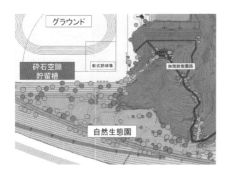

図 2.24　砕石空隙貯留槽と自然生態園の位置
（大津市リーフレットを加工）

図 2.25　伊香立公園に整備した人工湧水湿地の自然生態園

続に及ぼす影響を個体群存続可能性分析で検討し，開発や耕作放棄の影響が多大であることとともに，人工湿地の造成の意義を報告している[2].

その後，当初の予定を縮小して公園等の開発が行われることになり，ヤマトサンショウウオが産卵可能な湧水湿地と成体の生息地の樹林地を含む自然生態園を整備することになった．そこで，その水源として造成されるグラウンドの雨水を用いることにして，砕石空隙貯留槽をその地下に設けた．図 2.24 のように，生態園は公園内に保全された棚田跡地形と樹林に接している．図 2.25 の上部に見えるグラウンドの雨水が一旦貯留され，生態園の最上部に導水され，棚田を模した 7 段のため池と細流を流下する．開園後 4 年目にはヤマトサンショウウオの卵塊を複数確認している．

c.　ビル型雨庭「緑水歩廊」

京都駅ビル（1997 年完成，設計：原広司）の 15 周年記念事業として，筆者が提案したビル型雨庭（2012）が採用され，「緑水歩廊」と名づけられた（図2.26）．これは屋上に降った雨水と地下湧水を 7 階の貯水タンクに貯め，重力で 5 階から 3 階に設けられたプランタに導く，ビル型雨庭である．3 階の屋台型プランタのテントに貼り付けたシート型太陽光発電装置を動力源として揚水して，常時水位も一定程度確保している．商用電源やバッテリー，京都市水道は使わず，日の出とともに揚水ポンプが動き出す仕掛けだ．

京都駅は空港も港湾もない京都市の玄関口なので，緑水歩廊が京都の自然の導入となるように考えた．上部の 5 階は里山を，中部は渓流と棚田や湿地，下部は平安京の南に位置し，四神相応（東西南北に四神を対応づけた地勢）で朱

Ryokusui -horou
Wetland & Water Stairway in Kyoto Station Building

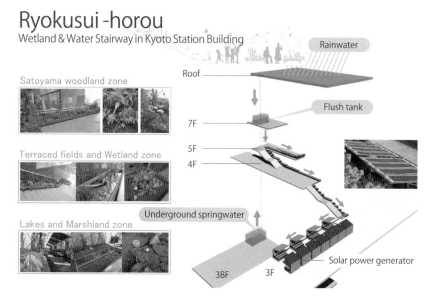

図 **2.26** 緑水歩廊の概要
(ラムサール条約ウェブサイト投稿資料を再構成)

雀にあたる池沼,巨椋池をモチーフとする.巨椋池は戦前にムジナモ生育地と
して天然記念物に指定され,日本の湿地植物の 8 割以上の属が見られると評さ
れたが,干拓と都市化で失われた.そこで,この三川(宇治川・木津川・桂川)
合流地帯の失われた湿地である巨椋池と横大路沼の埋土種子等の調査で蘇った
ハスなども導入している.

この取り組みは京都市環境賞特別賞(2014)などいくつかの賞に輝き,平成
29 年版「環境・循環型社会・生物多様性白書」にも,経済・社会・環境の課題
の同時解決を目指した取り組み事例として紹介された.さらに,事業者の環境
経営を認証する KES 環境機構の活動など,地域の環境活動の拠点ともなり,
2012,2013 年にはこれらの活動がラムサール条約のウェブサイトに掲載され
た.　　　　　　　　　　　　　　　　　　　　　　　　　　　　　〔森本幸裕〕

引用文献

1) 森本幸裕(2017):都市は雨庭でよみがえる,グリーンインフラ研究会編,決定版! グリ
ーンインフラ,pp.134-143,日経 BP 社.

2）夏原由博ほか（2002）：メタ個体群存続可能性分析を用いたカスミサンショウウオの保護
　シナリオ，ランドスケープ研究，**65**(5)，523-526.

参考文献

・森本幸裕（2020）：雨庭の社会実装，グリーンインフラ研究会編，実践版！　グリーンイン
　フラ，pp.162-173，日経 BP 社.

第 3 章

湿地生物の調査

3.1 植 生 調 査

3.1.1 湿地の植物の特徴

　一般的な植生の調査や解析方法についてはすでによい解説書[1]があるため，ここでは湿地の植物の特徴を述べ，それを踏まえた湿地における植生調査の留意点を示す．

　湿地の植物の特徴としては，同定の難しい種が多いこと，および微地形に応じて生育する植物種が異なることがあげられる．

　同定の難しい種の例としては，ヤナギ属，カヤツリグサ科，イネ科，ミズゴケ科等があげられる．図3.1左はヌマガヤ（イネ科）が優占する湿原で，ほかにカヤツリグサ科のトマリスゲ，ムジナスゲ，ホロムイクグなどが出現する．また図3.1右はミズゴケ属の写真で，同定には葉の切片をつくったり染色したりして顕微鏡観察が必要である．いずれも慣れるまではなかなか難しい．

　微地形に応じた植物種の分布の例としては，泥炭地で年間を通して概ね地表

図 3.1 同定の難しい分類群の例
（左）ヌマガヤが優占し，ムジナスゲ，トマリスゲ，ホロムイクグ，ワタスゲ等のカヤツリグサ科が出現する湿原（根室市，歯舞湿原）．
（右）チャミズゴケブルテにイボミズゴケ，ムラサキミズゴケが混生（浜中町，霧多布湿原）．

が冠水しない場所にはミズゴケ等が優占し（ボッグ），概ね地表が冠水している場所にはヨシやスゲ属が優占する（フェン）といったことが知られている．このような違いは，ボッグとフェンでは pH 環境が異なり，それぞれの環境に適した栄養塩類吸収機構をもつ植物が生育すること等による．また，小さな起伏による地下水位のわずかな違いに応じて植生が異なるのも，貧酸素環境への適応の仕方といった特性が植物種によって異なるためである．

3.1.2　湿地における植生調査

　同定の難しい種への対応としては，まず時期の選定が重要となる．カヤツリグサ科は結実期，イネ科は花期が望ましいが，同時期にすべての植物種を確実に同定することは難しいため，調査地の状況に応じて調査時期を決めるしかない．可能であれば補助的にフロラ調査を並行するとか，植生調査を2時期行うといったことも効果的である．ちなみに河川水辺の国勢調査では春〜初夏，および秋を含む2回の調査を行うことが基本とされている[2]．また，同定が難しい種は可能であれば持ち帰り，標本や図鑑とも照らして同定するなどすれば万全である．

　微地形に応じて植物種が異なることは，現地では地形とあわせて水も意識するとわかりやすい．小さな地形の凹凸に合わせて植生が異なることはよく知られており，その状態を的確にとらえられるよう微地形に合わせて細長い調査区を設定することもある（図3.2）．また水については流水のあるところ，湧水の

図 3.2　微地形による植生の違い
（左）ブルテ（小凸地）とシュレンケ（小凹地）が連続する湿原（根室市，落石西湿原）．
（右）ミズゴケブルテの形に合わせた変形調査区．調査区を縦断しているのは湿原内に設けた調査ライン（別海町）．

近く，水がほとんど停滞しているところ等も，それぞれ植生が異なり，水路などがある場合には，水路からの距離に応じて地下水位が異なり，植生も異なることが多い．現地調査を行う際は，このような地形や水を意識して調査区を設定することが有効であるが，事前に得られる情報が少ない場合や，現地では見通しが悪く地形判別がつきにくいこともある．そのような場合には，調査エリアの中心を通る調査ラインを設定し，ライン沿いで植生が異なる場所に調査区を設置することも行われる．

　湿地植生が湿地以外の植生と異なる要因は，当然のことながら水である．湿地の水は，地下水も含めた上流側・下流側流域の水利用の影響を受けることから，湿地の植生もまた流域の影響を受けうる．湿地植生を動態も含めて理解するには，そのような流域の社会状況にも気を配る必要がある．

〔加藤ゆき恵・藤村善安〕

引用文献

1) 福嶋　司編著（2005）：植生管理学，朝倉書店．
2) 国土交通省水管理・国土保全局河川環境課（2016）：河川水辺の国勢調査基本調査マニュアル 河川版（植物調査編）．

3.2　鳥 類 調 査

3.2.1　水辺の鳥類調査

　湿地環境といっても干潟や河原，湖沼や河川，草原などがある．干潟では，コチドリやハマシギのようなチドリ科やシギ科，湖沼や河川では，マガモ，マガン，オオハクチョウなどのカモ科，草原ではホオアカ，ヨシ原ではオオヨシキリなど環境ごとに異なる種が生息している．

　調査で把握すべきことは，種類と個体数である（図3.3）．それを長期間行うことで種類や個体数の変化を知り，増加や減少をしていればその原因を究明し必要な場合には，管理や復元を試みることになる．

　長期間行う調査をモニタリング調査という（1.1節参照）．日本では日本野鳥の会が1970年代から全国の会員の協力のもと「ガンカモ類の生息調査」や「シギ・チドリ類調査」を開始し，その後「鳥の生息環境モニタリング調査」として環境ごとに5年に1回の頻度で行う調査をスタートさせた．そして，現在は

図 3.3　鳥類調査の様子
調査には望遠鏡，双眼鏡，カウンターなどを使う．
（写真提供：日本野鳥の会）

環境省に引き継がれ「重要生態系監視地域モニタリング推進事業（モニタリングサイト 1000)」として 100 年の継続を謳い文句に継続されている．

3.2.2　調査方法

　ここでは日本野鳥の会で実施したモニタリング調査の方法を紹介する．

　シギ・チドリ類は春と秋の渡りの時期に調査を行う．それぞれの季節の渡りのピークに一度，ピークの 2 週間前と 2 週間後にそれぞれ一度，合計三度行う．一度の調査につき連続 3 回数えて平均をとる．時間帯は，最大干潮後 2 時間の間の任意の時刻に行う．調査地には定点を設定し，そこから 200 m 以内にいるものをカウントする．

　ガン・カモ・ハクチョウ類は中継地では春と秋，越冬地では冬季の最も個体数の多いときに調査を行う．1 日のうちでは，あまり移動しない時間帯として午前中に行う場合が多い．ただし，マガンやコハクチョウは，ねぐらの湖沼等を早朝飛び出し，周辺の水田などで落ち籾などを食べ夕暮れに戻るという生活をしており注意が必要である．観察する定点を複数設けるときは，重複カウントや，調査員の移動で鳥を追い出すことがないよう気をつける必要がある．

〔大畑孝二〕

参考文献

・日本野鳥の会研究センター（1995）：鳥の生息環境モニタリング調査ガイドⅡ，干潟と河原をしらべる，日本野鳥の会．

・日本野鳥の会研究センター（1996）：鳥の生息環境モニタリング調査ガイドⅢ，湖沼と河川をしらべる，日本野鳥の会.
・環境省：モニタリングサイト1000.
　http://www.biodic.go.jp/moni1000/index.html（参照 2022 年 11 月 18 日）

3.3　魚類と水生動物の調査

3.3.1　淡水魚類の調査時期と手法

　魚類をはじめとする水生動物は目視調査が難しく，主に採集を主体とした調査となる．本項では淡水域における分類群ごとの調査時期・手法の解説を行う.

　魚類調査を実施する上で重要なのは生活史の理解である．淡水域で見られる魚類の生活史は一般的に「純淡水魚」，「通し回遊魚」，「周縁性淡水魚」に3区分される．「純淡水魚」はドジョウなど一生を淡水域で生活する種，「通し回遊魚」はアユなど海域と淡水域を行き来する種，「周縁性淡水魚」はボラなど下流域を一時的に利用する種である．このほか，干潟性種や汽水性種など上記に当てはまらない生活史をもつ魚類もいる．アユのように生活史特性上，冬季は河川で見られない種や，純淡水魚であっても季節や成長段階によって生息場所を変える種は多いことから，ある地点での魚類相の把握を行う上では，一般的に4季（春夏秋冬）の調査実施が必要であり，夏期と冬期の調査は特に実施しておきたい.

　調査手法はタモ網と投網を使用するのが一般的である（図 3.4）．タモ網は口径 40 cm，目合 1～5 mm 程度のものが使いやすい．投網は直径 5～6 m のものが使いやすく，汎用性が高いのは 10 mm 前後の目合である．このほか，定置網，地引網，電気式漁具などもよく用いられる．また，環境 DNA による調査も十分に実用的である．各手法には利点と欠点があり，特性を理解した上で手法を選択する．調査範囲は瀬と淵からなる 1 蛇行区を基準とし，時間や人数，投網では投数を用いた定量化が可能である.

　水域で魚類を捕獲する行為は一般的に「漁業調整規則」による規制に注意する必要がある．実施予定の調査がそれらの規制にかかる場合には，「特別採捕許可」を得た上で実施する．水域によっては漁業協同組合の同意が必要な場合もある.

図 3.4　一般的な魚類調査の様子
左はタモ網，右は投網．

3.3.2　水生昆虫類の調査時期と手法

　水生昆虫類調査においては，対象とする環境が流水域か止水域かで方針が異なる．流水域では川虫類（カゲロウ目，カワゲラ目，トビケラ目など）が主要な対象となる．川虫類は幼虫は水生であるが成虫は陸生であること，春季に羽化する種が多いこと，幼虫を対象にした分類が進んでいることから，終齢幼虫の多い冬期と春期の調査が必須となる．一方で，止水域では真水生種（カメムシ目，コウチュウ目）とトンボ目幼虫が主要な対象となる．真水生のカメムシ目とコウチュウ目は幼虫・成虫ともに水生であり，夏季から秋季に羽化する種が多いこと，成虫を対象とした分類が進んでいることから，成虫が水域で多くみられる夏期と秋期の調査が必須となる．したがって，水生昆虫類相の把握においても一般的に 4 季（春夏秋冬）の調査実施が必要であるが，流水域においては冬期と春期，止水域においては夏期と秋期の調査は特に実施しておきたい．

　調査手法はタモ網を使用するのが一般的であるが，目合は 1 mm 以下のものを用いる．流水性種では瀬に種数が多いが，岸部にも特有のものがいるので，多様な環境を意識して採集を行う．ツヤヒラタガムシなど岸部の砂利を掘ると浮いてくる種や，ノギカワゲラなど水しぶきがかかる岩盤上に生息する種などもいる．流水性種では D フレームネット（タモ網）を用いたキック・スイープ法や，サーバーネットを用いたコドラート法などの定量的な調査手法が確立されている．一方，止水性種では定量的な調査手法として時間を決めて実施する場合が多いが，ハビタットが多様なため定性的な調査も重要である．一般的に

は水生植物が豊富な浅い場所にゲンゴロウ類などの種数が多いが，植生がない岸際の砂利中や，岸から離れた水域の中層や底部にも特有のものがいるので，注意して採集を行う．また，温暖な時期には夜間の陸上でのライトトラップを用いた調査も有効である．

3.3.3　その他の水生動物の調査時期と手法

　両生類については水辺にいる時期が限られる種もおり，止水性サンショウウオ類やアカガエル類などは冬季から春季の繁殖期に目視で卵のうを探索する方法が一般的である．淡水性の貝類や甲殻類の調査手法は基本的に水生昆虫類と同様である．冬季に発見しにくくなる種もいることから，温暖な時期が調査時期として適している．ただし，水路の二枚貝類などは水位が低下する冬季が適している場合もある．

　なお，本項では触れなかったが，同定用資料の選定，採集後の標本作成法などもあわせて事前に検討しておくことが重要である．調査手法の詳細については国土交通省による「河川水辺の国勢調査基本調査マニュアル」の河川版とダム湖版も参考にするとよいだろう．また，生物の分類は新しい科学的知見を反映して変更されることも少なくないので，調査結果をとりまとめる際にはその同定の根拠とした文献を示しておくことは重要である．分類体系が定まっていないグループについては，可能な限り標本化して博物館等の公的機関に登録することも検討すべきである．これにより，後からその同定結果を検証することが可能となる．　　　　　　　　　　　　　　　　　　　　　　〔中島　淳〕

参考文献
・国土交通省水管理・国土保全局河川環境課（2016）：河川水辺の国勢調査基本調査マニュアル（河川版）．
・国土交通省水管理・国土保全局河川環境課（2016）：河川水辺の国勢調査基本調査マニュアル（ダム湖版）．

第4章

湿地環境の計測

4.1 微気象環境

4.1.1 微気象環境の重要性

　湿地はその過湿さゆえに独特な微気象環境となり，そこに生きる生物に影響を及ぼす．また湿地内の微気象は，湿地外とは異なった微気象となり，湿地周囲にも影響を及ぼすことがある．したがって，湿地における生態系の保全や湿地周囲に住む人々の生活環境を考える上で，湿地の微気象の理解は重要となる．ここでは微気象の計測法を紹介する．

4.1.2 湿地における微気象環境の計測

　湿地における基本的な微気象観測の手法は，森林，農地など湿地以外での手法と同様である．何にとっての環境を測定するかにより，測定位置（高度）が変わる．湿地を1つの生態系としてとらえ，湿地全体の微気象を理解する目的においては，植物群落より高い位置で観測を実施する（図4.1）．一方，地表面付近の環境を把握する目的においては，植物群落の中で測定することもある．

　また，微気象環境は季節や毎日の天候だけでなく1日の中でも大きく変化する．したがって，湿地の平均的な環境を知るためには，気象観測塔を設置し，測器を設置し（図4.1a），データ記録計を用い自動連続観測をすることが多い．一方，微気象の空間分布を理解するため多点で測定することもある．

a. 気温と相対湿度

　気温の計測には湿度計と一体になった温湿度計が普及している．温湿度計は雨露や太陽放射を遮り，風を通しやすい放射よけの中で測定する必要がある．晴天日日中や弱風時には自然通風シェルター（図4.2a）を使っても実際の気温より2℃以上高く観測されることがある．したがって高精度な測定や，後述する熱収支の計算に利用する際は，強制通風筒（図4.2b）で風を送りながら測定

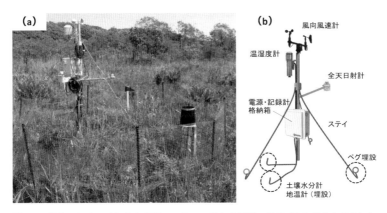

図4.1 湿地における（a）気象観測マストでの微気象観測の様子（北海道苫小牧市）と（b）測器の模式図

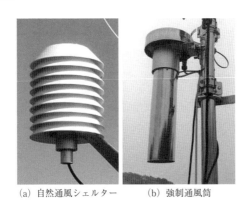

（a）自然通風シェルター　　（b）強制通風筒

図4.2 気温や（相対）湿度の計測
気温や相対湿度は，（a）自然通風シェルターや，（b）強制通風筒の中のセンサーで計測する．

することが推奨される．

b. 光環境

光合成有効光量子束密度（光量子量）や全天日射量など，湿地の光環境を計測する際は，図4.1b の全天日射計のように，植生より十分に高い位置でマストの陰にならないよう南方向にアームを出して，水準器で水平になるように設置する．一方，群落内や半日陰の場所で光環境を多点で測定する際は，フィルムの色素が日射によって退色するその退色率から積算日射量や積算光量子量に換算する日射計フィルムを利用するとよい．

c.　熱収支と蒸発散量

湿地原地表面の熱的環境や蒸発散量を理解するためには，湿地地表面が受け取った放射エネルギーがどのように配分されるかを示す，熱収支を計測する必要がある．熱収支は微気象観測によって測定することができ，その手法としてボーエン熱収支法，ペンマン法，渦相関法などが知られている．熱収支の詳細は，次項の事例で示す．

4.1.3　事例：地表面付近の熱環境と熱収支

a.　湿地の熱収支と熱環境

湿地はその大量の水により，気温変化が緩和され，特に日中の温度上昇が抑制される．ここでは，このような湿地特有の微気象が形成される過程を紹介する．

湿地の微気象の理解に向けて地表面における熱（エネルギー）の出入りである熱収支を考える．湿地表面が太陽や大気から受け取った正味の放射エネルギー Q_{RN} は，地中を暖めるエネルギー（地中熱流量 Q_G），大気を暖めるエネルギー（顕熱伝達量 Q_H），水を蒸発させるエネルギー（潜熱伝達量 Q_{LE}）に配分される（図4.3）．これを式で示すと

$$Q_{RN} = Q_G + Q_H + Q_{LE} \tag{1}$$

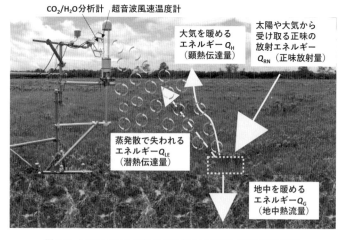

図4.3　湿原における熱収支の模式図と観測例（北海道美唄市）

となる．この(1)式を熱収支式という．この配分の割合は，地表面の植生や乾湿の影響を強く受ける．湿地では水が豊富で多くの水が蒸発・蒸散するため，潜熱伝達量 Q_{LE} に配分される割合が高く，大気を暖めるエネルギーである顕熱伝達量 Q_H への配分が少なくなる．したがって，日中の気温上昇が緩和される．

また，湿潤な土地は乾燥した土地と比べ，容積比熱（一定体積の物体の温度を1 K（1℃）上昇させるのに必要なエネルギーの量）が高い．例えば，水の飽和泥炭では，容積比熱が4.1～4.2 MJ m^{-3} K^{-1} となり，一般的な鉱質土壌（1.2～2.5 MJ m^{-3} K^{-1}）の容積比熱）の2倍以上のことがある．これは同じ量のエネルギーが供給されたとき，湿地土壌の温度上昇が小さくなることを示す．

b. 湿原における観測例

北海道の美唄湿原における熱収支の実測例を紹介する[1]．2017年盛夏季（7月）の晴天日3日間における熱収支と湿原と近隣の気象庁アメダス観測点の気温の変化を図4.4に示す．地表面（植生面）が受け取った正味の放射エネルギー（正味放射量）は日中に約700 W m^{-2} に達した．その配分をみると，顕熱伝達量（100 W m^{-2} 前後）より潜熱伝達量（400 W m^{-2} 前後）のほうが大きく，地表面が受け取ったエネルギーの多くが水の蒸発に使われ，大気を暖める熱の割合が小さかったことがわかる．このことと，湿原表面付近の豊富な水の高い容

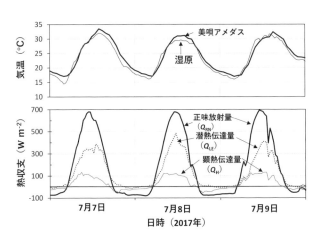

図 4.4 湿原における熱収支と近隣（北約4 km）のアメダス観測点との気温の比較
湿原の熱収支は渦相関法で測定された値である．（アメダス観測点の気温は，気象庁「過去の気象データ検索」より）

積比熱により，湿原内では日中の気温上昇が最大で1〜2℃抑制されたことがわかる．

〔矢崎友嗣〕

引用文献

1) Ueyama, M. *et al.* (2020)：Environmental controls on methane fluxes in a cool temperate bog, *Agricultural and Forest Meteorology*, 281, 107852.

4.2　水　環　境

4.2.1　湿地における水の重要性

　湿地は，天然または人工的に水が滞ったり流れたりする場所であり，その豊富な水により独特な土壌環境，また，それに影響を受けた生物的環境を有する土地である．したがって，その水の動きを示す水文環境を理解することは，湿地の存続や，地球環境や周辺の環境の変化に対する応答を知る上で非常に重要である．ここでは湿地の水文環境の中でも特に重要な環境要素の調査方法を紹介する．

4.2.2　水　　　位

　水位は水面（自由水面）の高さであり，湿地の湿潤度や水の量の指標として示される．地盤の高さ（地表面）より水位が高いときは水面が地上から見え，地表面より低いときは地表から水面が見えないことから「地下水位」とも呼ばれる．水位が高ければ湿潤，水位が低ければ乾燥しているとされる．水位は，水位観測井戸を設置し測定する（図4.5）．測定には自記水位計が用いられることが多いが，井戸の縁から水面の深さを定規などで測定することも可能である．簡易的に地表面からの水面の高さや地面に穴をあけたときの水面の深さから求めることもある．

　湿地の水位は，雨や雪（降水）やその場所の外から河川（水），地表水，または湧水の供給を受けると上昇する一方で，河川（水），地表（水），浸透（水の流出，または蒸発散による水損失），によってその場所から出ていくことで低下する．

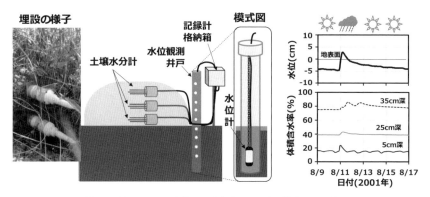

図4.5 湿原における水位や土壌水分量の測定の模式図と測定例
（データは北海道別海町の風蓮川湿原の測定結果[1] より）

4.2.3 土壌水分量

　地下水位と同様，土壌水分量は，湿地の植物や動物にとって重要な環境要因となり，体積あたりの水の体積（体積含水率 $m^3 m^{-3}$）または，乾燥重量あたりの水の重量（重量含水比 $g g^{-1}$）で測定される．かつては一定体積の土壌を土壌採取コアで採取し絶乾前後の重量の変化から体積含水率を求めたり，採取した土壌の絶乾前後の質量から重量含水比を求めたりしていたが，近年は土壌にプローブを挿入し電気的に測定する「土壌水分計」が普及し，さらにそれを埋設することで自動連続測定も可能になった[1]．なお，泥炭など有機質土壌の含水率を土壌水分計で測定する際は，実際の含水率とセンサーの出力含水率がずれることがあるため，正確な測定のためには検定（キャリブレーション）が求められる．

4.2.4 河 川 流 量

　湿地に流入・流出する河川の流量（単位時間あたりの水の量，単位は $m^3 s^{-1}$ など）は，直接連続観測することが困難である．したがって，河川の流速（$m s^{-1}$）と水の断面積（m^2）を乗じ求める．図4.6は河川流量の計測方法の模式図である．河川をいくつかの区画に分割し，それぞれ区分された位置における水深と流速を測定する．流速の測定には，電気式または超音波式の流速計が使われることが多い．このようにして得られた河川の各区分における断面積と流速を足し合わせることで，測定時の河川流量を計算することができる．このような測

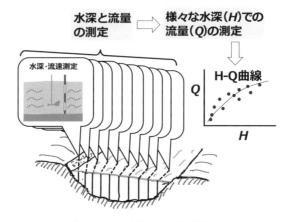

図 4.6　河川流量計測方法の模式図

定を水位の異なるときに実施し，河川の水位と計算された流量から水位-流量曲線（H-Q 曲線）を作成し，ある時点の水位から流量を計算する．

4.2.5　湿地の水収支と，その特徴

　湿地の維持機構を明らかにし保全策を検討する上で，どこからどれだけの水が供給され，またどこにどれだけ失われるか，すなわち水収支の理解が重要である．湿地の水収支は，その水の出入りを数式で示すことで求められる（図4.7a）．湿地内にたくわえられた水量の変化（貯水量の変化 ΔWS）が，湿地への水供給量と湿地からの水損失量の差と等しいと考え，以下のように示される．

$$\Delta WS = [湿地への水供給量] - [湿地からの水損失量]$$
$$= P + Q_{s,in} + Q_{d,in} - (ET + Q_{s,out} + Q_{d,out})$$

ただし，P は降水量，$Q_{s,in}$ は湿地内への表面水または河川水の流入量，$Q_{d,in}$ は地下水の流入量，ET は蒸発散量，$Q_{s,out}$ は湿地外への表面水または河川水の流出量，$Q_{d,out}$ は地下浸透量である．単位は，水量（m^3），単位地表面あたりの水量（kg m^{-2}），水柱の高さ（mm）などで示される．貯水量の変化は，水位の変化に比産出量（有効貯水率：地下水位の変化に対する供給または損失水量の比，泥炭地湿原では 0.2〜0.9 の間となることが多い）を乗じて求められる．

　湿地では一般的に地表または地下の水の挙動は複雑であり，地下，地表面，河川の水の流入・流出量（$Q_{s,in}$, $Q_{d,in}$, $Q_{s,out}$, $Q_{d,out}$）を評価することが困難なこと

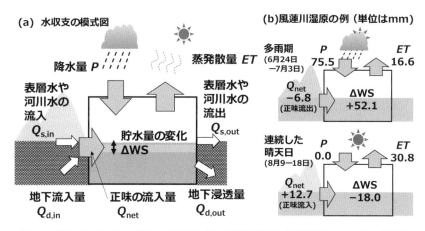

図 4.7 湿地における (a) 水収支の模式図と (b) 北海道別海町の風蓮川湿原の 1999 年の測定例

が多い. その際は, 流入量と流出量の差 ($Q_{s,in} + Q_{d,in} - Q_{s,out} - Q_{d,out}$) を正味の流入量 Q_{net} とし, $\Delta WS = P - ET + Q_{net}$ とした水収支式を考え, Q_{net} を他の項の残差から計算すれば, そのときに大まかな水の出入りを理解することができる. 図 4.7 (b) に, 1999 年に測定された北海道東部の風蓮川湿原の水収支の例を示す. 多雨期には湿原に水が貯留され余剰な水が流出することがわかる. 一方, 連続した晴天日では, 湿地から蒸発散によって水が失われ, 湧水などによるいくらかの水の供給を受けながらも湿地の貯水量は減少していくことがわかる.

〔矢崎友嗣〕

引用文献

1) Yazaki, T. *et al.* (2006): Water balance and water movement in unsaturated zones of Sphagnum hummocks in Fuhrengawa Mire, Hokkaido, Japan. *Journal of Hydrology*, **319**, 312-327.

4.2.6 湿地の水環境

常時, あるいは季節的にたっぷりと水を含む土地, もしくは水で覆われた土地が湿地である. そのため, 湿地の環境は湿地の水環境そのものともいえる. 環境省が 2016 年に選定した国内の重要湿地 633 のうち, 実に 74%の湿地が河川や湖沼, 海域, 藻場, サンゴ礁等のいわゆる水圏を含む場であり, 湿地の水環境を正しく理解することは, 湿地の評価に欠くことができない.

a. フィールド調査・観測

近年は，水環境は水質のみならず，水辺等を含めた場として総合的にとらえられており，さらに流域等の水環境を考える際には流域全体の水循環の視点も重要視されている．そこで，水環境評価を行うためには，フィールド範囲の設定，現地での計測，試料採取，試料の前処理と保存・輸送方法も含めて，目的や調査地，対象，方法を含めた具体的な調査・観測計画を立てなければならない．河川水，湖沼水，地下水，湧水，海水や間隙水，土壌溶液等の対象により試料採取方法や観測のための装備を変える必要があり，範囲や対象とともに日周変動，季節変動，年変動や気象状況による変動等，目的によって計画は異なる．

b. 調査・観測項目と方法

水環境の観測では，水質とともに流域全体での水循環も把握するため，土地利用状況やその変化，流域内農地における肥料や堆肥の施用状況，水田であれば代掻きや落水等の作業状況といった人為的影響だけではなく，水鳥の飛来による環境影響にも注意する．水質調査の際には，目的とする項目だけではなく，水の一般的性質を把握するために水温（temperature），塩分（salinity），pH，溶存酸素（dissolved oxygen：DO）濃度，電気伝導度（conductivity），懸濁（浮遊）物質量（suspended solid：SS），および硝酸塩（NO_3），亜硝酸塩（NO_2），リン酸塩（PO_4），ケイ酸塩（SiO_2）などの無機栄養塩濃度を現地で直接計測したり持ち返って分析するための試料を採取する．その際，気温や風速，天候などの情報ものちに必要になる場合があるため，計測してフィールド野帳に記録する．有機物量や植物プランクトン量を把握する必要がある場合には，それぞれ化学的酸素要求（消費）量（chemical oxygen demand：COD）や生物化学的酸素要求（消費）量（biochemical oxygen demand：BOD），植物プランクトンの指標であるクロロフィル a 濃度を測定するための試料を採取し，分析する．これら水圏での試料採取や分析方法は，JIS公定法を用いるか，湖沼や河川であっても海洋に関するガイドライン[1]が参考になる．その他環境動態解析のために各種イオン成分の分析を行うこともある．

水圏での試水の採取には，表面水はバケツ，水柱ではニスキン採水器等を用いる．試水の密閉性も高く，溶存気体成分の分析用にも適している．横型タイプもあり，浅い河川や沼，水田でも直接大気に触れていない水の採取が可能で

ある.

　水温計測には水温計, 汽水湖, 河川河口域における塩分計測には塩分計を用いるが, 水深による違いを鉛直分布で示す際には, 多項目水質計や, 電気伝導度センサー, 水温センサー, 圧力センサーから塩分, 水温, 水深（depth）を計測する CTD プロファイラーを用いる場合もある. pH や溶存酸素濃度は, センサープローブを試水に入れるだけで簡単に計測可能な pH メーターや DO メーターを用いることが多いが, 特に溶存酸素濃度の計測で高い精度が要求されるときには現地で溶存酸素瓶に採取した試水に試薬を添加して酸素を固定し, 室内でウィンクラー法による滴定で分析を行う. この場合, 2 桁ほど精度が高いため, 微細な差異による解析が可能となるが, 現地での作業が煩雑になり, また室内分析も必要となるため, その環境を整える必要がある. 栄養塩濃度は, 窒素, リン, ケイ素それぞれに発色する試薬を添加して比色分析を行うが, 簡易キットを使用する方法や, 分光光度計を用いた手分析, もしくはオートアナライザーを用いた自動化されたガス分画連続流れ方式での計測も行われる.

　いずれも求めたい濃度範囲や精度はもちろんであるが, 分析にかかる時間や費用, 試料の保存方法や運搬方法, 分析場所も考慮し, 目的にかなう最適の方法を選択する必要がある. 〔吉田　磨〕

引用文献

1)　日本海洋学会海洋観測ガイドライン編集委員会編（2018）：海洋観測ガイドライン全十巻-第 4 版-, 日本海洋学会.
　　https://kaiyo-gakkai.jp/jos/guide（参照 2022 年 4 月 22 日）.

4.3　土壌環境と温室効果気体

4.3.1　土壌環境と温室効果気体の動態観測

a.　自然生態系土壌と温室効果気体

　図 4.8 のように, 湿地は大気中の二酸化炭素（CO_2）を吸収する能力が高いため, CO_2 の重要な除去源（吸収源）となっているが, 一方で, CO_2 同様に温室効果気体であるメタン（CH_4）や一酸化二窒素（N_2O）を大気へ放出する供給源（放出源）となることも多い. 湿地は特に酸素が乏しい環境, すなわち還元環境でメタン生成菌によって生成される CH_4 の主要な自然供給源であり, 全球

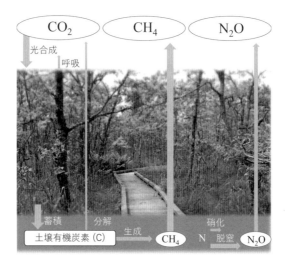

図 4.8　湿地や土壌における温室効果気体の放出や吸収，生成の模式図

の大気 CH_4 発生量の約 1 割を占めると見積もられている．さらに，還元環境では土壌中で硝酸（NO_3）→ 亜硝酸（NO_2）→ 一酸化窒素（NO）→ 一酸化二窒素（N_2O）→ 窒素（N_2）と進む脱窒反応の中間生成物として N_2O が放出される．それぞれの分子内の窒素（N）についている酸素（O）の数が，反応が進むにつれて 3 → 2 → 1 → 0.5 → 0 と減る，つまり O が奪われていくことからも，酸素が乏しい還元環境での反応であることが理解できる．湿った土地である湿地の土壌環境は還元的であることが多いため，酸化的環境で進む硝化反応による N_2O 生成はあまり起きない．湿地における自然生態系土壌の酸化還元状態は，例えば矢部[1] によってまとめられている．

b.　水田土壌と温室効果気体

　人工湿地でもある水田は，湛水（水を張ること）によって還元環境になるため多くの CH_4 を発生させる．水田からの CH_4 発生量は自然生態系の湿地からの発生量とほぼ同じで，水田由来の CH_4 は全球の大気 CH_4 発生量のおよそ 1 割に相当する．飲み物を飲むときに使うストローは英語の straw であり，straw を英和辞書で引くと，最初の意味として書かれているのは稲わら，麦わらの藁である．つまり田面水から顔を出している稲穂はまさにストローのように，水田土壌中で発生した CH_4 を大気へ放出させる経路としてはたらく．農林水産省の統計から計算すると，日本の国土面積のおよそ 6〜7% は水田であり，その面積

図 4.9　水田でのチャンバー法によるフラック
ス観測（北海道美唄市宮島沼周辺水田にて）

から放出される CH_4 は決して無視できない.

c.　チャンバー法による温室効果気体フラックスの計測

　自然生態系土壌でも水田でも，基本的に土壌から大気への放出量もしくは大
気から土壌への吸収量を見積もるには，ある系から別の系に目的成分が単位面
積，単位時間あたりの移動した物質量であるフラックスを計測する（図 4.9）.
バケツを逆さにしたようなチャンバーをかぶせ，入口と出口を設けて高純度な
窒素等を一定流量で流し，出口から取り出した気体に含まれる目的成分濃度を
検出する「通気式」と，ある一定時間チャンバーを密閉して，時間をおいてチ
ャンバー内の気体を複数回取り出し，その時間変化に対する目的成分濃度の変
化を検出する「密閉式」の 2 通りがある．いずれも現場でセンサーを用いて濃
度を直接計測するか，あらかじめ空気を抜いたテドラーバッグ等の容器，もし
くは真空にしたステンレスキャニスターに気体を取り込んで持ち帰り，研究室
で分析する方法がある．CO_2, CH_4, N_2O といった主要温室効果気体であれば，
分析計が一体化した自動フラックス測定装置も販売されている.

　なお，森林全体にチャンバーはかぶせられない．このように空間スケールが
大きい場合には渦相関法等（4.1.2, 4.1.3 項参照）の微気象学的手法が用いられ
る.

4.3.2　事例：土壌環境の違いによる温室効果気体の動態

　河川や湖沼，沿岸海洋等の水圏での温室効果気体の放出や吸収もあり，亜寒
帯域は主要な大気二酸化炭素（CO_2）の吸収域である一方，生物起源温暖化物質

であるメタン（CH$_4$）や一酸化二窒素（N$_2$O）は，環境によって供給源や除去源にもなりうる．ここでは地圏や重要湿地内の湖での観測事例を紹介することとする．

a. 自然生態系でのフィールド観測事例

　国内最大の湿原である北海道釧路湿原の温根内地区では，約3kmの木道を通って湿原を散策できる．筆者の研究室では，この木道からアクセスしてヨシ・スゲ類の低層湿原，ミズゴケ類の高層湿原，ハンノキ林帯に分けてそれぞれCH$_4$およびN$_2$Oフラックスを観測した（図4.10）．既往の研究では，一般に地表が周囲よりも高く，地下水では涵養されずに雨水のみで維持されている貧栄養な高層湿原よりも，地下水位が高く，地下水から直接栄養がもたらされる低層湿原でCH$_4$およびN$_2$Oフラックスが高いことが示されているが，筆者らの研究では高層湿原やハンノキ林帯において高い放出量となった．これは，土壌水分量だけではなく，土壌有機物含有量や土壌温度にも関係していると考えられる．生物起源CH$_4$やN$_2$Oの生成は土壌におけるこれらの要素に影響されやすいため，地下水位だけでは説明できず，土壌環境の違いによる正しい評価が必要である．

　同様に釧路湿原内のシラルトロ湖において船舶を用いて観測した．この湖にはかつて「マリモ」が生息していたが，近年は確認されていない．2000年代に一年草の浮葉植物であるヒシが湖内で急速に増加し湖面が覆いつくされた（〈e〉

図4.10　湿原でのチャンバー法による温室効果気体フラックスの観測

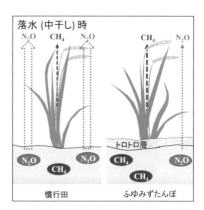

図4.11　水田土壌からの温室効果気体（文献1）の図7）

図 4.1). 湖面に蓋をかぶせるようなもので, 水中には光が十分に届かなくなるため, 他の水草は生育できず生物多様性が失われる. さらに秋から冬に枯死したヒシが有機堆積物として湖底に積もるため, 翌年にヒシが生育しやすい環境をつくるだけではなく, 湖底を還元状態にするため, 多くの CH_4 を発生させていた.

b. 水田でのフィールド観測事例

宮島沼周辺では, 疑似湖沼として, 渡り鳥等の湿地に依存する多様な生物の生息地としての役割や富栄養化した宮島沼を浄化する目的で有機農法水田「ふゆみずたんぼ」(冬期湛水) を始めた. イトミミズの糞を主成分とする有機物の層である「トロトロ層」が田面水底部に形成されるため, より還元環境ができやすく, 多くの CH_4 が生成されることが観測された. そこで, 作付期間中に一度水を抜く中干しを行ったところ, CH_4 の放出は抑えられたが, 今度は酸化的環境で生成されやすい N_2O が放出された. 単位質量で比較すると, CH_4 は CO_2 の 34 倍, N_2O は 298 倍温暖化能力が高いため, CH_4 放出を削減できても代わりに N_2O が出てしまっては意味がない. そこで中干しの際に土壌を完全に乾燥させず, トロトロ層だけ湿った状態を残すと, 酸化還元のちょうど境界状態をつくることができ, CH_4 も N_2O も放出を抑えた地球環境にも負荷が少ない水田ができた[2] (図 4.11).

〔吉田　磨〕

引用文献

1) 矢部和夫 (1989): 低地湿原の比較生態学的研究—温暖帯と冷温帯低地湿原の比較, 北海道大学大学院環境科学研究科邦文紀要, **4**, 1-50.
2) 吉田　磨 (2017): 湿地としての田んぼの機能, 矢部和夫ほか監, ウェットランドセミナー 100 回記念出版編集委員会編, 湿地の科学と暮らし—北のウェットランド大全, pp.201-210, 北海道大学出版会.

第5章 湿地の社会調査

5.1 湿地の社会調査の意義

　本章では，湿地をとりまく人々を対象とした社会調査の方法について紹介する．ここでは社会調査を，人々の意識や行動を，人々が表明した回答に基づいて，明らかにする調査と考える．そして後半では，湿地の持続的な利用と深い関係をもつ生態系サービスを対象とした社会調査について取り上げる．

　一部の人の手をまったく加えないかたちで保護される湿地を除き，多くの湿地は積極的な管理を伴う保全や持続的な利用の対象となっており，直接的にも間接的にも，必ず人が関わることになる．実際のところ，手つかずの保護が行われている湿地であっても，気候変動の影響等，人間の活動が間接的に影響を与えていることすらある．

　このような人と関わりのある湿地を考える際には，人々が湿地に対してどのような意識をもっているか，あるいは関わりをもっているかについて，明らかにする必要がある．湿地の社会調査で人々の意識を明らかにすることにより，保全や利用の社会的な影響を把握したり，保全や利用のプロセスや関係者の参加・関与についての正当性を確認したり，保全や利用に対する人々の受容度を確認したりすることが可能になる[1]．さらに最近では，湿地から供給される様々な生態系サービス（湿地と人との関わりから得られる利益）に対する関心や意識も，保全や利用の生態学的な成果を把握したり，湿地の保全の動機づけとなったりすることから，湿地の社会調査を考える上で欠くことのできない要素といえる．　　　　　　　　　　　　　　　　　　　　　　　　　　　〔太田貴大〕

引用文献
1) Bennett, N. J. (2016): Using perceptions as evidence to improve conservation and envi-

ronmental management. *Conservation Biology*, **30**(3), 582-592.

5.2　湿地の社会調査を実施する上で重要な点

　湿地の保全や利用に資する社会調査を実施する際に重要なことが 3 点ある.
1 点目は, 目的に沿った明確な問いと仮説を設定すること, 2 点目は様々な調査
手法を用いること, 3 点目は調査終了後も継続して調査の問いや対象者に興味・
関心をもち続けることである.

　問いと仮説は社会調査を設計する上で欠かせないものである[1]. 問いとは, 調
査実施者が明らかにしたいこと, 解決したいこと, また, 説明したいことであ
る. 仮説とは, その問いに対する当面の答え, 予想, または見通しを意味する.
社会調査で得られるデータや結果を根拠として, これまでの活動を見直したり,
今後の計画を立てたりすることを想定すると, 問いが不明確であったり, 見当
違いのものであると, 目的が達成できなくなってしまう. また, 仮説を設定す
ることで, 集めるべきデータの種類やデータの分析・解釈の方法などが考えや
すくなる.

　社会調査には様々な手法がある[1]. 質問票を郵送で配布する方法や, 複数の
対象者に集まってもらい話し合いながらインタビューをする方法もある. また,
数値情報を得て統計的な分析を行う定量的な手法もあるし, 対象者の発言や記
述を質的に解釈する定性的な方法もある. 問いや仮説, 調査対象者, 投入でき
る資源（時間や予算）に応じて, ある程度手法は決定されてしまうものの, ど
のような手法にも利点と欠点があるため, 可能なかぎり多様な調査手法を用い
ることで, それぞれを補完することが望ましい.

　一旦社会調査が終了し, 問いに対する答えを得ると満足してしまいかねない.
しかし, 湿地の保全や利用は続いていく. 継続して, 自らが設定した問いや調
査の対象者に興味・関心をもつことの意義は複数ある. 例えば, 類似の問いや
それに対する異なる調査結果が見つかる可能性である. これにより, 過去に自
らが設定した問いや調査方法を振り返るきっかけにもなるし, 新たな問いが生
まれて, 社会調査を行う動機づけにもなる. さらに, 湿地の保全や利用に対す
る人々の意識は様々な要因で変化する可能性があるため, 定期的に把握し, 湿
地との関係性を見つめる必要がある. 保全や利用している湿地生態系のモニタ

リングが，適応的な管理のために重要であるのと同様に，人々の意識や行動の
モニタリングも保全や利用に様々な示唆を与えるものである．　　　〔太田貴大〕

引用文献
1) 佐藤郁哉（2015）：社会調査の考え方（上・下），東京大学出版会.

5.3　生態系サービスを対象とした事例

　さて，後半では，湿地の生態系サービスについての意識調査について紹介す
る．湿地から供給される生態系サービスについての人々の意識を理解すること
は，保全や利用をより効果的に進めるためのヒントを得られる．また，1つの
湿地から多様な生態系サービスが供給され，多様な人々がそれらの恩恵を得て
いることを考えると，個々の生態系サービスの間の関係やそれぞれに対する需
要を把握することは重要である．このような生態系サービスの供給が需要をど
の程度満たしているのか（需要と供給のマッチングの判断）を社会調査によっ
て知るためのフレームワークが提案されている[1]（図5.1）.

　このフレームワークを適用する流れを仮想的な例を用いて概説する．まず，
ステップ1では，この湿地から供給される主な生態系サービスを特定する．こ
の湿地は自由に訪問できるため，これらの生態系サービスの主な需要者は湿地
の位置する市町村の住民と想定する．需要と供給の評価目的は，例えば，多く
の住民に湿地を訪問してもらうこと等がありうる．評価の時間枠は，保全管理
を始めた年度から現在までとする．

　ステップ2では，上記の生態系サービスの需要と供給の量を評価する．まず
はそれぞれの指標を決定する．生態系サービスの需要については，質問票やイ
ンタビューによって直接市町村住民に尋ねる手法をとったり，他の主体が行っ
た社会調査（自治体の政策に関する世論調査）の結果を援用したりする．供給
については，生物物理的なサービスの場合は，過去に保全管理者が科学的に計
測したものや，新たに調査者自身が計測したものを用いることが考えられる.
水や土に関する生態系サービスは対象湿地から離れた場所で受益される可能性
もあるため，地図化することは有用である．精神的なサービスの場合は，訪問
者や参加者数の記録を用いたり，保全管理者の記憶に頼ったりすることが考え

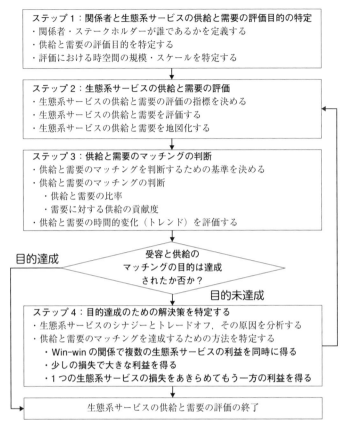

ステップ1：関係者と生態系サービスの供給と需要の評価目的の特定
・関係者・ステークホルダーが誰であるかを定義する
・供給と需要の評価目的を特定する
・評価における時空間の規模・スケールを特定する

ステップ2：生態系サービスの供給と需要の評価
・生態系サービスの供給と需要の評価の指標を決める
・生態系サービスの供給と需要を評価する
・生態系サービスの供給と需要を地図化する

ステップ3：供給と需要のマッチングの判断
・供給と需要のマッチングを判断するための基準を決める
・供給と需要のマッチングの判断
　・供給と需要の比率
　・需要に対する供給の貢献度
・供給と需要の時間的変化（トレンド）を評価する

目的達成

受容と供給のマッチングの目的は達成されたか否か？

目的未達成

ステップ4：目的達成のための解決策を特定する
・生態系サービスのシナジーとトレードオフ，その原因を分析する
・供給と需要のマッチングを達成するための方法を特定する
　・Win-win の関係で複数の生態系サービスの利益を同時に得る
　・少しの損失で大きな利益を得る
　・1つの生態系サービスの損失をあきらめてもう一方の利益を得る

生態系サービスの供給と需要の評価の終了

図 5.1　生態系サービスのシナジーとトレードオフを用いた供給と需要のマッチングのためのフレームワーク（文献 1）の Fig.1 を改変）

られる.

　ステップ3では，供給が需要を満たしているかどうか（マッチング）を判断するため，供給量／需要量を計算してその値が1を超える，つまり，供給が需要を超えているかを判断する．この際，ステップ2で評価した需要と供給は同じ単位である必要がある．また，過去から現在までのトレンドも把握するとより詳細な分析が可能になる．しかし，過去のデータが存在することはまれであるため，関係者の過去の記憶をもとに推計することも考えられるが，データの信頼性が低くなる（社会調査の適用事例[2]）.

　もし需要と供給のマッチングの目的が達成されていない場合（ステップ4），

生態系サービス間のシナジーとトレードオフを把握し，それらが生じる要因を分析する．シナジーとは，片方のサービスが増えると，もう片方も増える関係性を指し，トレードオフは片方のサービスが増えると，もう片方が減る関係性を指す．需要を満たす供給を得るために，主に3つの方法がとられる．シナジーを目指すか，トレードオフを許容するか，その中間的なかたち（部分的なトレードオフ）である．

　このように，定量的な調査に基づいたフレームワークから論理的に得られる示唆だけでなく，1人1人の湿地との関係性を丁寧に聞き取り，お互いの人間関係の中で得られる調査結果も，湿地の保全や利用を考える上では貴重なものである．多面的な視点で調査を行うことが重要である．　　　〔太田貴大〕

引用文献

1) Wang, L. *et al.* (2019)：Ecosystem service synergies/trade-offs informing the supply-demand match of ecosystem services：Framework and application, *Ecosystem Services*, **37**, 100939.

2) 太田貴大・高田雅之（2020）：生態系の文化サービスにおける文化的遺産価値の危機レベル評価—自然環境と関係の深い長崎県指定文化財を事例として．環境情報科学論文集，**34**, 311-316.

第6章 湿地の地理学的調査

6.1 湿地の立地の把握

6.1.1 所在地情報の取得

　ここでは，湿地（主に陸域に存在するものを想定する）が存在する場，また，その面積・形状といった物理的特徴を把握するための手法について解説する．これらは湿地を理解するための基盤的情報であり，後述する湿地目録の作成においても必要となる．また，客観的な値を把握することで，他の湿地との比較や，経年的変化のモニタリングが可能となる．

　湿地に関するデータの中でも，その所在地は最も基本的な項目である．その記録には経緯度を用いることが望ましい．地名・地番は，範囲の広がりをもつ上に，合併等で変遷しやすいため，単独で用いるのは適切ではない．なお，経緯度でも測地系によって示される位置が変わることに留意が必要である．例えば1990年代までの日本国内の記録では，現在一般に使用される世界測地系ではなく，北西方向へ約450mずれた日本測地系が使用されていることが多い．

　経緯度を現地で取得するには，一般にGPS受信機を使う．しかし，樹林下や深い谷間では電波の受信がうまくいかず誤差が大きくなることがある．したがって，表示された値を鵜呑みにせず，位置情報を地形図上に表示させた上で，周辺の地形や地物と照合して確認すべきである．

　大面積の湿地は，地図や空中写真によって自ずと所在地がわかる．このため現地調査は必須ではない．しかし，後述のように，どこまでの範囲を湿地とみなし，その中でどこの経緯度を記録したのかを，あわせて示しておく必要がある．

6.1.2 標高・地形・地質等の把握

　厳密な標高を把握するには測量（6.1.3項参照）が必要だが，概算値は位置を

もとに既存情報から求めることができる．例えば国土地理院が公開する「地理院地図」を用いると，日本を網羅する地形情報をもとに任意の地点の標高がわかる．

位置情報と既存の地図データとの重ね合わせによって把握できる土地属性には，ほかに地形区分や地質がある．地形区分とは扇状地・谷底平野といった成り立ちに基づいた土地の区分であり，国土地理院では土地条件図・沿岸地域土地条件図といった名称で主題図が発行されている（電子版は地理院地図でも閲覧可能）．各種の地質図は産業技術総合研究所の地質調査総合センターが発行しており，ウェブサイト「地質図Navi」でも電子版をシームレスで公開している．

多くの湿地を一括して扱う際には，各ウェブサイト等で提供されているシェープファイル（形状・位置・属性を伴う地理情報データ）をダウンロードし，ArcMap，QGIS等の地理情報システム（GIS）上で経緯度リストと照合するのがよい（空間検索）．なお，大面積の湿地は，その範囲が複数の土地属性から成り立っている可能性がある．この場合，点データではなく，湿地範囲を決めた上で多角形（ポリゴン）データとして分析することが適切である．

6.1.3 現地測量による面積や地形の把握

湿地の面積を明らかにするには，その前提として湿地とみなす範囲の確定が必須である．基準としては土地条件・植生・社会制度など多様なものが考えられ，一概には決められない．目的に応じて熟慮の上決定したい．大面積の湿地であって空中写真等から判別できる基準を用いる場合は，GIS上から面積の算出が可能である．しかし，小面積で実地確認の必要な基準を用いる場合は，現地で範囲を確認しながら測量を行い，形状を把握する必要がある．

現地での測量は，コンパスやトータルステーションを用いた多角測量や放射測量が基本である．近年ではドローンによる写真測量も利用される．簡便な方法としては，巻き尺やレーザー距離計を用い，主要な測線の長さを測った上で単純な図形に近似させ概算値を出す，外周を歩いた際のGPS受信機の軌跡データから求積する，といった方法もある．

湿地内の起伏や傾斜を知りたいときは，水準儀と標尺を使った水準測量を行う．多数の地点の高度値を得ると補完により等高線を描画できるが，測線をと

って断面図を描くだけでも湿地内部の地形を理解する一助となる．微細な起伏を求める場合，測線上に水糸を緊張させて張り，一定間隔で地面との距離を計測していく方法もある．

6.1.4 事例：東海地方の湧水湿地の立地調査

6.3 節で作成過程を述べる東海地方の湧水湿地目録作成のための調査では，対象とする個々の湿地について基礎的な地理的情報を把握した．この際に行った工夫や注意点を実例に即して示してみよう．

a. 所在地情報の取得とその集計

当該調査では，湿地所在地は原則 GPS 受信機（主に Garmin 社 eTrex20）にて点情報として把握した．この際，経緯度の扱いの不慣れさからくるミスが多くあった．例えば「北緯 34 度 44 分 44.3 秒，東経 137 度 27 分 04.9 秒」は，「北緯 34 度 44.738 分，東経 137 度 27.082 分」とも表記できる．これを誤り「北緯 34 度 44 分 73.8 秒，東経 137 度 27 分 08.2 秒」と記録した例などがあった．経緯度の扱いに不慣れな者が調査者に含まれる場合は，事前講習が必要であろう．

今回の調査では，所在地を明らかにしたのち，地域標準メッシュ単位で湿地数を集計した．地域標準メッシュとは，日本の国土を経緯度を基準におよそ同じ大きさの格子で区切ったもので，例えば 2 次メッシュは 2 万 5 千分の 1 地形図図幅の範囲にほぼ相当する．これを縦横 10 等分したものが 3 次メッシュで，およそ 1 km 四方となる．生物の分布情報や人口・土地利用等の社会情報は地域標準メッシュ単位でしばしば集計・公開されているため，これらと重ね合わせての分析ができる．また，地域メッシュ単位で集計すると，個々の湿地位置を示さずとも，分布の概要をメッシュの濃淡で表すこともできる（図 6.1）．

b. 面積の把握上の工夫

今回の調査では，湿地の範囲を「湧水によって地表が過湿化したエリア」とした．調査した湿地の中には，天然記念物等の指定範囲を面積値として公表している場合もあったが，それより大幅に小さくなったところもあった．湿地の範囲は用いる基準により大きく変化するため，公開時には基準の説明が必要だろう．

多数の湿地面積を効率よく把握するため，今回の調査では，長径と短径を計測し，その値から楕円に近似させて面積を算出した．形状が複雑な場合は，い

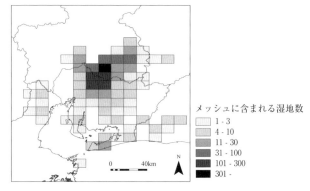

図 6.1　2 次メッシュ単位で集計した東海地方における湧水湿地の密度
分布[1]

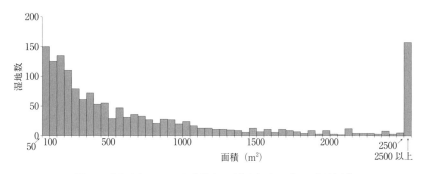

図 6.2　東海地方における湧水湿地の面積分布（50 m² 以上を対象）[1]

くつかに分けて足し合わせる方法をとった．簡便な手法を採用した結果，大多
数（1640 カ所中 1591 カ所）の湿地面積の把握が実現し，平均値 1070 m²，中央
値 430 m² という値が得られた（図 6.2）．

c.　既存の地理情報との重ね合わせ

把握された湿地位置は点データとして GIS（Esri 社 ArcMap）に取り込み，
地質図（地質調査総合センター，シームレス地質図 V2），植生図（環境省生物
多様性センター，第 5 回基礎調査植生 3 次メッシュデータ），人口統計（総務省
統計局，平成 22 年地域メッシュ統計）などのデジタル地図・統計データと重ね
合わせた．また，地質図と重ね合わせる際，湿地の面的広がりや位置誤差を考
慮して半径 50 m のバッファを発生させ，面として分析した．

この結果，東海地方の湧水湿地のおよそ 2 割が地質境界にあること，地域に

よって立地する地質が大きく異なることが明らかにされた．さらに，自然度の高い植生中にはほぼ分布せず，二次林・植林地・耕作地の広がる中に大多数の湿地が存在すること，湿地の存在する3次メッシュの中に25万人以上の人口が確認され，人の生活圏が湿地分布と大きく重なり合っていることも把握できた．

〔富田啓介〕

引用文献

1）湧水湿地研究会編著（2019）：東海地方の湧水湿地―1643箇所の踏査から見えるもの，豊田市自然観察の森．

6.2 湿地の履歴の把握

6.2.1 湿地の履歴を把握する意義

　湿地は，長期的には地殻や気候の変動，短期的には侵食堆積や周囲の人の活動などによって，常に形状と環境を変化させている．この履歴の把握は，湿地の生態や人為的インパクトの理解につながり，ひいては湿地の保全目標とその実現手法を勘案するにあたって役立つ．

　湿地の履歴を把握する手法には様々なものがあるが，自然科学的なものと社会科学的なものとに大別できる．それぞれ，対象となる時間スケールや得られる情報の内容・精度は異なる．このため，単一の手法のみを用いるのではなく，なるべく複数の手法を組み合わせ，相互に照合しつつ進めることが必要である．

6.2.2 堆積物の調査

　多くの湿地は，凹地や谷のように，外部から運ばれてきた土砂等が堆積しやすい地形に成立している．また，内部で生産された泥炭がそのまま堆積する場所もある（泥炭地）．その場所が断層運動などによって長期的に沈降している場合，数mを超える堆積物層がみられることもある．

　堆積物は堆積時の環境を反映している．また，原則として下方から上方へ向かって積み重なる．このことを利用して，堆積物の層相・層序から湿地環境の時系列的変化を推察できる．例えばシルト・粘土など細微な土砂は，静穏な環境でゆっくりと堆積したことが示される．一方，礫や砂といった粗い土砂は速

図 6.3　ハンドオーガー
（左側は標尺）

い流速で運ばれてきたものか，洪水や津波によるイベント堆積物の可能性が示唆される．

　堆積物には，テフラと呼ばれる火山砕屑物（火山灰や軽石など）が挟在することがある．分析を行い，あらかじめ判明している噴火時期と照合すると，層序に時間軸をつけることができる（編年）．堆積物の化学的性質も重要な情報である．例えば，電気伝導度を調べると，堆積環境が淡水か海水かを推定できる．

　堆積物の調査は，ボーリングを行って柱状サンプル（コア）を得ることから始まる．機械ボーリングは相応の費用と労力がかかるが，堆積物が数 m で柔らかい場合，ハンドオーガー（図 6.3）による簡便な手掘り調査が可能な場合もある．得たコアは観察によって層位の区分を行い，層ごとに色・物性，存在する深度を記録する．木片や化石が含まれていれば，その内容と深度を記録する．以上を図としてまとめたものを柱状図と呼び，これをもとに分析と考察を行う．層相層序の記載後，必要に応じて分析試料のサンプリングを行う．

6.2.3　年 代 測 定

　堆積物やその混入物に基づいて，それらの堆積した年代を測定できることがある．年代測定法には，光ルミネッセンス法，電子スピン共鳴法などがあるが，特によく使用されるのが放射性炭素年代測定法（^{14}C 法）である．大気中の放射性炭素（^{14}C）は，時代を通じておよそ一定で，生物の生存中はそれを取り込み続ける．死後は減少を続け，約 5730 年が経過すると半量となる．^{14}C 法はこの性質を利用したもので，およそ 7 万年前までの年代を決定できる．分析可能な

試料は，炭素を含む生物由来の堆積物（泥炭等）や，木片・化石等である．

測定値は一般に，「315±25 yrBP」のように，1950年から遡った年代が1σ（標準偏差）の幅をもって示される（^{14}C年代）．近年では，大気中の^{14}C存在量が時代ごとにゆらぐことを考慮して，較正した上で使用されることが多い（暦年較正）．この場合，1つの^{14}C年代に対し，複数の暦年代が推定されることもある．

6.2.4　微化石の分析

堆積物中に，微細な化石（微化石）が含まれていることがある．それらは，堆積時の環境をより詳しく知る手掛かりとなる．中でも花粉と珪藻（植物プランクトンの一種）はよく使用される．いずれも，硬い殻をもつため長期間堆積物中に残存しやすいほか，環境ごとに生育する分類群が決まっているためである．分析にあたっては，少量の堆積物試料を処理して微化石を取り出し，顕微鏡下で同定・計数を行う．花粉・珪藻のほかにも，貝・昆虫の化石，イネ科植物などに含まれるプラントオパール（植物珪酸体）などが古環境の復元に用いられる．

6.2.5　過去資料（史料）の活用

近過去の湿地環境の変化を知りたいとき，過去にそこをフィールドとした調査研究が行われていれば，その論文や報告書の記述から現在との比較ができる．しかし，主要な学術雑誌に掲載される研究・記録は，著名な湿地を除けばごくわずかである．多くの湿地の研究・記録は在地の博物館や役所，研究会等が発行するローカルな出版物に掲載されている．これらは電子化されていない場合も多く，湿地の所在する地域の図書館や公文書館を訪ねたり，発行団体から直接送ってもらったりする手間が必要となる．だが，地方図書館で丹念に資料を渉猟すると，自治体史・環境アセスメント文書・地方新聞記事・自然愛好家の自費出版書など，様々なローカル媒体に掲載された湿地に関する記録が見つかる．

近世以前の文書（もんじょ）も湿地の履歴の把握に活用できる．例えば諸藩で編纂された地誌書には，村ごとの水田面積や池沼の名称や数が記載されていることがある．また，名所図会などには，海岸や池沼の風景を描画しているものがあり，現在

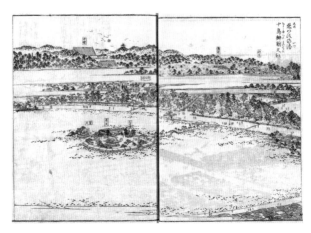

図6.4　『江戸名所図会』（巻の5）に描かれた江戸後期の不忍池
（国立国会図書館デジタルコレクション https://dl.ndl.go.jp/info:
ndljp/pid/2563393 より）

の景観・植生との差異を理解するのに有効である（図6.4）．

　絵図も役立つ．近世の諸藩では，行政資料としてしばしば村絵図が作成され
た．村絵図には，集落・道路・耕地・山林などの位置と広がりが示されている．
水田・用水路・池沼といった湿地環境が描画されている場合もあり，近世のロ
ーカルな湿地環境の理解に役立てることができる．こうした文書・絵図は活字
で翻刻されたり，近年はデータベース上に公開されたりしているものもある．

6.2.6　地図・空中写真の活用

　大面積の湿地は地図や空中写真にも示され，そこから湿地とその周辺の環境
変遷を追うことができる．特に空中写真は，植生や土地利用の豊富な情報を保
持しているため，詳細な分析に供することができる．

　空中写真は（一財）日本地図センター（https://www.jmc.or.jp/）から購入で
きる．また，国土地理院では，過去に発行された地形図（旧版地図）の複写を
有償で配布している．近年ではインターネット上からその一部を検索・閲覧で
きるようにもなった．国土地理院の「地図・空中写真閲覧サービス」（https://
mapps.gsi.go.jp/）を使うと，地図上から必要な範囲・年代を絞り込み，空中写
真をダウンロードしたり，旧版地図を閲覧したりできる．ただし2022年現在，
空中写真は比較的高い解像度の画像（400 dpi）をダウンロードできるが，旧版

地図はあくまでもサムネイルの表示にとどまる. 高解像度の旧版地図を閲覧したい場合は, 提供地域が限られるが, 谷謙二氏が公開する「今昔マップ on the web」(https://ktgis.net/kjmapw/) を利用するとよい. 地域によっては, 各自治体が都市計画基本図といった名称で提供する, 大縮尺 (1:25000 レベル) の過去の地図を役場等で閲覧できる場合もある.

6.2.7 聞き取り

文字記録に残されていない湿地の履歴は, その地域や湿地をよく知る人から聞き取りを行って把握できる場合がある. 特に, 利用に関わる文化など, 湿地と人との関わりについて知りたい場合は, 聞き取りが最も有効な手段となる. 聞き取り対象者 (インフォーマント) は, 対象湿地の調査者や観察者に限らない. 湿地の周辺で暮らしていたり, 生業を行っていたりする人も, 湿地の過去を理解する上で貴重な記憶や経験をもっていることが多い.

聞き取りでは, 語られた情報ごとに年代と場所を明確にしておくことが重要である. 具体的な年代の記憶が曖昧でも, 年齢やライフイベントを鍵にしておよその範囲を特定できることがある. また, 場所については地図あるいは空中写真上で指示してもらうと間違いない.

6.2.8 事例：矢並湿地における人と自然の関係史

a. 矢並湿地の概要と研究の目的

矢並湿地は, 愛知県豊田市にある小規模な湧水湿地である. 2012 年に「東海丘陵湧水湿地群」の一部としてラムサール条約に登録された. そこにはシラタマホシクサ・ミカワシオガマといった固有種を含む湿生草原が成立し, 周囲はコナラを中心とした二次林となっている.

b. 旧版地図・空中写真・聞き取りによる調査

旧版地図・空中写真の判読, ならびに近隣集落の居住者への聞き取りにより, 以下のような湿地の履歴が明らかとなった.

大正時代まで, 湿地周辺ははげ山だった. 大雨のたび山が崩れ, 谷の水田に土砂が流入した. 現在湿地のある場所 (開析谷の谷頭付近) は, 飼料用の草刈り場として利用されていた. 1930 年代頃, 一帯で砂防工事が行われた. 丘陵斜面にはマツ・ススキ・チガヤが植栽され, 谷には砂防堰堤が築かれた. この堰

堤の上流に土砂がたまり，現在の湿地の地形が形成された．

　第二次世界大戦後，植林された樹木が成長すると薪山として利用されるようになった．湿地内は今よりも背の低い痩せた草原で，豊富な湧水は下流の水田の水源として利用された．1970 年頃までのプロパンガス普及に伴って森林利用はなくなり，周辺丘陵において 1980 年代を通してマツ林からコナラ林へ植生が遷移した．

c. 堆積物の調査

　湿地内において合計 16 本，深度 2 m までのコアを得た．そこから推測された縦断方向の断面図を図 6.5 に示す．湿地内は，基盤である花崗閃緑岩の風化物と考えられる粗粒堆積物の間に，数〜50 cm 程度の細粒堆積物が挟在していた．ここから，斜面崩壊などに由来する急速な堆積と，穏やかな水流による緩慢な堆積が交互に起こっていたことが推測された．

　湿地内下流部のコア（図 6.5，No.16）の深度 120 cm および 177 cm から得られた植物片を ^{14}C 法で年代測定した．深度 120 cm に植物片は 1700 年代初頭から 1900 年代前半，深度 177 cm の植物片は 1500 年代前半から 1600 年代前半に堆積したことが明らかになった．深度 120 cm から現在の地表までは比較的早いスピード（0.4〜2.1 cm/年）で土砂の堆積が進んだ可能性が高いことがわかった．

d. 湿地維持のメカニズムと課題

　以上の調査結果を総合すると，矢並湿地周囲には多岐にわたる人の営為があり，特に 1960 年代頃までの集水域の森林利用が湿地を維持していたことが推察された．森林利用は，蒸発散を抑制して地下水量を保ち，日照を確保し，さらに土砂流入などの適度な攪乱を起こし湿地内の植生遷移を制御していたと思われる．薪炭利用がなくなった現在，集水域のコナラ林がさらに発達して，湧水量の減少や水路の固定化が懸念されている．湿地再生にあたっては，過去の森林や湿地の利用状況が 1 つの参考となるだろう．　　　　〔富田啓介〕

引用文献

1) 富田啓介 (2012)：湧水湿地をめぐる人と自然の関係史—愛知県矢並湿地の事例，地理学評論，**85**，85-105.

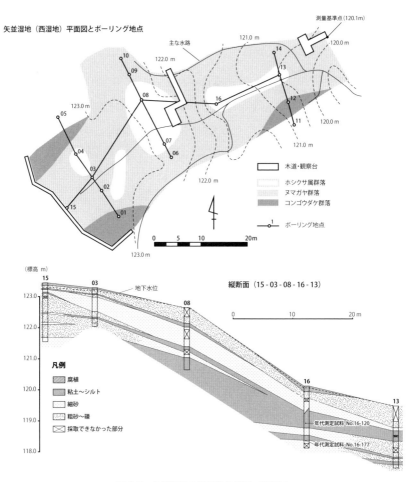

図6.5 矢並湿地の堆積物柱状図・断面図
（文献1）を改変）

参考文献

・小池一之ほか編（2017）：自然地理学事典，朝倉書店.
・ボウマン，シェリダン著，北川浩之訳（1998）：大英博物館双書③古代を解き明かす 年代測
　定，學藝書林.

6.3　湿地目録づくり

6.3.1　湿地目録作成の意義

　湿地目録（wetland inventory）とは，あるエリアにおける湿地の所在や特質，管理状況などをまとめた一覧やデータベースのことである．ある地域の湿地を包括的に記録した目録は，その学術研究や保全政策策定の重要な基盤となる．

6.3.2　目録作成の手順

　ラムサール条約決議 VIII.6「湿地目録の枠組み」を参考に，目録作成の一般的手順と，記録するのが望ましいデータ項目（属性）をまとめる．

　まず，目録を作成する目的を明確化する．それによって，作成する範囲や精度，取得するデータの項目が異なってくるからである．次に，作成するエリアの既往の知見・情報を検討する．既存の目録がある場合，どのような手法によってそれを作成したかを調べ，参照することも大切である．

　続いて，最初に設定した目的に照らし合わせながら，調査の詳細度や取得するデータ項目を検討する．データ項目は，必要最小限のものを設定しておく．項目は，主に湿地の生物・物理的特徴と，管理特性に分けられる．前者は，名称・範囲（面積）・位置・気候・土壌・水環境・水質・生物相など，後者は，土地利用・利用／開発圧・地権者や担当行政機関・保全管理状況・湿地がもたらす生態系サービス・計画中ないし実施中の管理／モニタリング計画などがあげられる．

　さらに，選定した項目を明らかにするのに適切な調査手法を選択する．現地調査のほか，衛星画像などリモートセンシングデータを活用する方法が考えられる．収集したデータの管理法，労力・資金・スケジュールの妥当性といった事務管理体制も検討・確認が必要である．

　すべての計画が終わると，いよいよ調査着手となる．本格的な調査の前に，予備調査をしておくことが推奨される．立てた計画に沿ってデータが取得できるかを検証し，必要であれば修正を加える．

6.3.3 これまでに作成された日本の主な湿地目録

日本全体を網羅した最初の湿地目録は，IWRB（国際水禽調査局）日本委員会（現 WIJ）が作成した『日本湿地目録』[1]（1989 年）である．これは，IWRBが携わった『アジア湿地目録』（1989 年）の日本部分について，より詳しい資料を加え，日本語で編集されたものである．

現時点で最も包括性の高い日本の湿地目録は，環境庁（現 環境省）による第5 回自然環境保全基礎調査「湿地調査」[2]（1995 年）に基づくデータである．この調査では，陸域にある 1 ha 以上の自然湿地を対象として，2196 件の湿地が調べられた（図 6.6）．ただし，報告がなかったり，件数が極端に僅少であったりする県が存在しており，完全に網羅的なデータとはいいがたい．自然環境保全基礎調査では，このほかに，湿地に関連する国内の自然要素に対して一覧の作成を伴う網羅的調査が行われている（河川・湖沼・海岸・藻場・干潟・サンゴ礁）．

このほか，国の機関によるものとして，やはり環境省が 2016 年にまとめた『生物多様性の観点から重要度の高い湿地』（重要湿地）[3] や，国土地理院が 2000年にまとめた『日本全国の湿地面積変化の調査結果』[4] がある．研究者による湿地目録には，冨士田裕子らが 2020 年にまとめた『全国湿地データベース』[5] がある．

なお，これまでに作成された主要な湿地目録の詳細は，デジタル付録に〈e〉表 6.1 として掲載した．

6.3.4 目録作成後の課題

第一に，公表するデータ項目と範囲の選定である．乱獲・盗掘を誘発するリスクと，普及・活用のメリットの双方から，どのような情報を，どこまで，どのような方法で公開するか十分に検討する必要がある．

第二に，再調査とデータの更新についてである．湿地の消失や環境変化によって現実との乖離が大きくなると，政策や保全のための基礎情報としての価値は失われる．一定期間ごとの再調査を見据え，調査の方法やノウハウが引き継がれる仕組みを作っておくことも求められる．

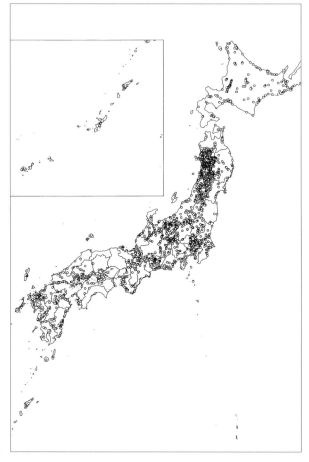

図 6.6　第 5 回自然環境保全基礎調査「湿地調査」で調査された湿地の
分布[2]
○（白丸）が湿地の所在を示す．黒く見える箇所は○が複数重なってい
る．都道府県によってデータの粗密がある．

6.3.5　事例：湧水湿地研究会による東海地方の湧水湿地目録作成

a.　作成に至る経緯

　東海地方には，湧水によって形成された，泥炭の蓄積に乏しい「湧水湿地」
が数多く分布し，希少種・固有種のハビタットとして注目されてきた．しかし，
東海地方全体での分布や数は不明なままであった．そこで，東海地方をフィー
ルドとする研究者やナチュラリストが研究会を組織し，2013 年から 2019 年に

かけて調査を行った上で目録を作成した.

b.　調査の経過と成果物

　湧水湿地は微小であり, 分布の把握は現地調査が不可欠である. そこで, 複数の調査者が統一した基準で調査できるよう, 項目（表6.1）ごとに調査法を記載したマニュアルと調査票（図6.7,〈e〉図6.1）を作成した. 調査エリアごとにその場所を熟知した担当者を決め, 水質計・GPSなどの機器類は原則同一機種を配布した. その上で, 複数回の調査研修会を実施し, 調査者が調査法を習得できるようにした.

　調査の結果はまず, 報告書である『東海地方の湧水湿地—1643カ所の踏査か

表 6.1　調査項目

(1) 基 礎 情 報：湿地名・所在地（市町村・経緯度）・標高・面積
(2) 自 然 環 境：地質・地形・水質・周囲の植生
(3) 社 会 環 境：所有管理状況・保護の担保（指定など）・湿地が抱える課題
(4) 生 物 相：生育植物種（主要種の在不在, 自由記述）, 動物（自由記述）

図 6.7　湧水湿地研究会で用いた湿地調査票

注：チェックリストにおける植物の分類は, 2023年現在主流になりつつある APG 分類体系に従ったものにはなっていない.

ら見えるもの』[6]（2019 年）にまとめられた．これは，総合的な分析結果とともに，各地域の概要をまとめたものである．翌 2020 年には，その概要を視覚的かつ簡潔にまとめたリーフレット（普及版）を作成した．

　この間，情報の精査と必要な追加調査を行い，2021 年に『東海地方湧水湿地目録（2021 年版）』を作成した．これは精査を終えた調査票内容を地域別に整理・掲載した最終成果物である．この目録は，湿地の詳細な位置と，希少種を含む生物相の記載が含まれるため，リスク管理上，発行部数と所有者を限定した．

　目録のもととなった湿地データは，依頼に応じて 2022 年までに，愛知県・名古屋市，また生態学の研究者へ提供した．愛知県では，2021 年に策定された「あいち生物多様性戦略 2030」の基礎資料として用いられた．　　　　〔富田啓介〕

引用文献

1) 国際水禽湿地調査局日本委員会編（1989）：日本湿地目録―特に水鳥の生息地として国際的に重要な，国際水禽湿地調査局日本委員会．
2) 環境庁自然保護局（1995）：第 5 回自然環境保全基礎調査 湿地調査報告書，環境庁．（データ）環境省自然環境保全基礎調査「湿地調査」ウェブサイト．
   https://www.biodic.go.jp/kiso/24/24_wet.html（参照 2022 年 2 月 28 日）
3) 環境省：生物多様性の観点から重要度の高い湿地．
   https://www.env.go.jp/nature/important_wetland/（参照 2022 年 2 月 28 日）
4) 国土地理院：日本全国の湿地面積変化の調査結果．
   https://www.gsi.go.jp/kankyochiri/shicchimenseki2.html（参照 2022 年 2 月 28 日）
5) 冨士田裕子ほか（2020）：全国湿地データベース．
   http://wetlands.info/tools/wetlandsdb/wetlandsdb/（参照 2022 年 2 月 28 日）
6) 湧水湿地研究会編著（2019）：東海地方の湧水湿地―1643 箇所の踏査から見えるもの，豊田市自然観察の森．

第7章

テクノロジーを生かした調査

7.1 UAV空撮を用いた湿地のモニタリング

7.1.1 UAV空撮とモニタリングのデジタル変革

　湿地に限らず生態系の保全を目的とした生物の調査やモニタリングは，定期的でなおかつ長期間に実施されることが望ましい．しかし，これには多大な労力，時間，費用のコストがかかる．さらに，我が国は，人口減少社会に突入し，モニタリングを担う人材不足も懸念される．こうしたモニタリングの継続性に関わる課題を解決するために，モニタリングのデジタル変革（digital transformation：DX）が推奨されはじめた．ここではそのDXの一環として普及しつつあるUAV（unmanned aerial vehicle．ドローン，UASとも呼ばれる）の空撮方法と一般的なモニタリング方法について解説し，湿地での適用事例を紹介する．

7.1.2 UAV空撮の普及

　UAVは，ラジコンで可能な手動操縦に加えて，自律飛行を可能とする無人航空機のことをいう．その機体には，飛行機型，ヘリコプター型，複数のプロペラをもつマルチコプター型がある．一般的な空撮で用いられるUAVはGNSS（全球測位衛星システム）レシーバとカメラ・ジンバルが搭載された機体，操縦信号を無線で送信する送信機（コントローラ）で構成されている．UAVを自動で飛行させるためには，あらかじめパソコンなどで作成した飛行ルートのデータを，送信機を通して機体側のコントローラに送信し，機体側のフライトコントローラのプログラムで飛行させることとなる．最近のUAVには，機体の位置や状態に関する情報を受信しマップ上で表示する機能，機体側のカメラの映像をリアルタイムで確認（FPV：first person view）できる機能や，カメラで認識した目標物を自動で追従する機能が組み込まれているものもある．こう

した UAV の機能の向上とともに，空撮用カメラやジンバル（カメラの角度やブレを調整する雲台）の高性能化が進み，高解像度の空中写真を安定して得ることができるようになった．

UAV 空撮で得られる画像は画角内の画像のみであり，地図に重ね合わせることのできるより広い範囲のオルソ画像（傾きのない真上から見た画像）を得るには，高度な写真結合・加工技術が必要であった．最近，対象を撮影した複数の画像から3次元形状を復元する SfM（structure from motion）と呼ばれる画像処理技術が進歩しており，複数の画像を接合したオルソモザイク画像や，標高や対象物の高低を示す数値標高モデル（DEM），数値表層モデル（DSM）を簡便に作成することができるようになった．このような UAV とカメラの高機能化，SfM の出現のほか，各機器とソフトウェアの低価格化が揃ったことで，UAV 空撮の普及が一気に加速した．

7.1.3 UAV 空撮モニタリングに必要な機材・ソフトウェア

UAV 空撮を用いてモニタリングを行おうとする場合，カメラを搭載した UAV，SfM ソフトウェアとその要件を満たしたパソコンが必要となる．オルソ画像を表示し，対象物の抽出，時間的な変化を把握するためには，地理情報システム（GIS）ソフトウェアも必要となる．このほか，オルソ画像の位置精度を高める場合には，対空標識やその測位用の測量機材も必要となる．

UAV の選定にあたっては，飛行可能時間やペイロード（UAV が離陸・飛行可能な搭載物の最大重量），高精度 GNSS レシーバの有無に着目して用途に応じて選定するとよいだろう．カメラが搭載されている UAV の場合はそのカメラの解像度や画質に着目するとよい．一般の空中写真を得たいという場合は，赤，緑，青波長の反射率を記録できる 12〜20 メガピクセル程度の画素数の画像を得られるカメラで十分だろう．植物の光合成の活性度を評価するための近赤外波長の画像や，動物の監視のための遠赤外波長の画像（熱画像）を得たいという場合は，それに応じたカメラを選定する必要がある．SfM や GIS ソフトウェアは，商用やオープンソースのものが複数あるが，どれも概ね同様な機能を備えている．その要件や価格，使用しやすさを考慮して選定するとよいだろう．

7.1.4 UAV 空撮モニタリングの手順

モニタリングの手順は，a. 撮影対象の範囲の設定と飛行計画の作成，b. 現地での空撮，c. オルソモザイク画像と DSM 作成，d. 生物分布マップ作成とモニタリングの大きく 4 つに分けることができる[1].

a. 撮影対象の範囲の設定と飛行計画の作成

モニタリング対象によるが，対象範囲を決定した後，どの程度の解像度が必要か，例えば，植物の葉の大きさを把握したい場合は 1 ピクセル数 mm の地上解像度が必要，などを決定する．その範囲と解像度，複数の画像を接合する際に必要な重なりの範囲（オーバーラップ，サイドラップ）が決まれば，画角や焦点距離などのカメラの仕様から適切な UAV の飛行高度，ルートや撮影地点などを計算により求めることができる．最近では，UAV の飛行ルート作成ソフトウェアでその計算が簡単に行えるようになっている．カメラの撮影方向は真下に設定するが，後に作成するオルソモザイク画像や DSM の精度を高めるために斜めの方向からの撮影も加えたほうがよいと報告されている．

b. 現地での空撮

UAV の自動運転は可能ではあるが，墜落などのトラブルに対応するために手動での操縦技術は必須である．この操縦技術のレベルや飛行可能な条件，運用ルールについては，国内では航空法で規定されているため，これを遵守しなければならない．また，モニタリングの目的によっては，天候を考慮して撮影を実行する必要がある．例えば，同じエリアの複数時期の空撮画像を比較する場合には，撮影する時間帯や太陽高度，照度などを合わせておいたほうがよい．強風や雨天の場合は，UAV の墜落する危険が増すばかりか，撮影した画像の質が低下するため，撮影を中止したほうがよい．また，SfM ソフトウェア上でオルソモザイク画像の位置精度を高めたい場合には，撮影範囲内に対空標識を設置し，その標識を含めた空撮と GNSS 測量機材などを用いた標識の測位を行う必要がある．

c. オルソモザイク画像と DSM 作成

空撮時に良質な画像が得られていない場合，例えば，ぼやけている画像が多い，画像間の重なりが小さい，水面など画像内に特徴となるものが少ない場合は，オルソモザイク画像や DSM の作成に失敗することがある．これは，SfM の画像処理過程で必要となる画像間で共通した特徴点を抽出できないためであ

る．その画像や DSM の作成方法については，ソフトウェアのツールに依存する
ため説明は割愛するが，事前に空撮画像をよく確認した上で，適切な画像の
選定や SfM の処理過程で必要となるパラメータ調整を行うことが肝要である．

d. 生物分布マップ作成とモニタリング

これまでの過程で作成されたオルソモザイク画像や DSM を GIS ソフトウェ
ア上で表示して，対象となる生物の画像処理による抽出や分類，あるいは手作
業でポイント（点）やポリゴン（範囲）を作成して，生物分布マップを作成す
る．優占する植物の分布を示した植生図の作成には，画像のピクセル単位の色
情報（輝度，反射率）を指標に用いた統計学的な分類手法がしばしば用いられ
る．同じ色合いのピクセルをまとめたオブジェクト（スーパーピクセルなど）
での色情報を用いる場合，赤色と近赤外域の波長の反射率を用いて得られる正
規化植生指数（NDVI）が用いられる場合もある[2]．最近では，ディープラーニ
ングなどの機械学習を用いた分類の方法が提案されている．そうして作成され
た分布マップのほか，先のオルソモザイク画像等を複数の時期間で比較するな
どで，各対象がどのように変化しているのかをモニタリングすることとなる．

7.1.5　湿地でのモニタリング事例

湿地の現状や自然再生事業の事後の評価を目的として，植生図や植物の光合
成の活性度の空間的な経時変化を評価した事例が増えている．また，水面が表
れている領域を抽出し，その空間分布を示すことで地下水面が高い湿地がどの
程度，分布しているかを示した事例もある．こうした植物や水域の評価以外に，
湿地動物の個体群管理を目的に，空撮画像上で餌場やねぐらの動物を計数した
事例も増えつつある[3]．最近では，UAV に搭載した全方位カメラの映像上で，
アクセスしにくい湿地の植生調査を事後の映像確認で行おうとする取り組みも
ある．現在は，これまでモニタリングに使用されてきた衛星画像や航空写真の
代わりとして UAV 空撮を用いる事例が多いが，俯瞰的な評価，対象地へのアク
セスしやすさという利点を生かして，従来手作業で進められてきたサンプリ
ングや環境計測などの調査の省力化へ向けた活用が進むだろう．

〔山田浩之〕

引用文献

1) 国土交通省東北地方整備局東北技術事務所，株式会社地圏総合コンサルタント（2016）：UAV による河川調査・管理への活用の手引き（案）【改訂版】．
   http://www.thr.mlit.go.jp/tougi/kensetsu/hozen/pdf/uavkasentyosa.pdf
2) Knoth, C. *et al.* (2013)：Unmanned aerial vehicles as innovative remote sensing platforms for high-resolution infrared imagery to support restoration monitoring in cut-over bogs. *Applied Vegetation Science*, **16**, 509–517.
3) Chabot, D. and Francis, C. M. (2016)：Computer-automated bird detection and counts in high-resolution aerial images: a review, *J Field Ornithol*, **87**, 343–359.

7.2 渡り性の水鳥をバイオロギングで追う

7.2.1 湿地の渡り鳥を追跡する意義

　湿地にはどこからともなく飛んできて，またどこかへ去っていく「渡り鳥」がたくさんいる．彼らはどこから来ているのだろうか．渡り鳥は一般的に，卵を産み子育てをする繁殖地，冬の間生活をする越冬地，それらの間を行き来する際に休息・採食を行う中継地を，1年を通して利用する．皆さんの近くにある湿地に来る渡り鳥が，繁殖，越冬，中継のどの段階で利用しているかは種によるが，その湿地が渡りを完遂するために重要な役割を果たしていることは想像に難くないであろう．時には 1000 km 以上という長い距離を休まずに飛ぶ渡り鳥にとって，これらの湿地を1つでも失うことはその生存に大きな負荷となりうる．まさに，渡り鳥は遠く離れた湿地を有機的につなぐ役割を担っており，渡り鳥の追跡は，湿地をネットワークで保全していく上で欠かせない情報となる．

7.2.2 急発展する追跡機器

　野生動物の移動や生態を追跡する手法は，足環などの標識を装着して個体識別する方法が古くから行われている．近年は様々な追跡機器や解析方法が開発され，バイオロギング（bio-logging）という学問手法として高められてきた．調査目的に応じ，位置情報だけでなく，気温，水温，高度，心拍数，加速度などを記録するセンサーを搭載でき，魚類や海生哺乳類・爬虫類，鳥類など様々な分類群で研究が進められている．

　このうち，鳥類で使用されている主な機器とその特徴を表 7.1 に示す．蓄積

表 7.1　鳥類で使用されている主要な追跡機器とその概要

手法	種類	概　　要
蓄積型	ジオロケーター	照度の記録により位置情報を推定する機器. 日の出, 日の入り時刻から緯度を, 世界標準時における正午の時刻のずれから経度を算出する. 位置精度は低く, 装置の回収も必要.
	GPS ロガー	GPS により位置情報を記録, 蓄積. 装置の回収が必要.
発信型	電波発信器	無線電波を発信する機器を動物に装着し, 位置情報を推定する. 近年は本体に GPS データを蓄積し, 無線電波で情報を送信するタイプもある. 無線電波が届く範囲内でのみ有効.
	衛星発信器	人工衛星経由で位置情報を通信する. 位置情報は Argos システムによるものや GPS によるものなどがある. 衛星と通信できる環境であればどこでもデータ取得が可能.
	携帯回線通信式	GPS 等で取得した位置情報を端末に蓄積し, 携帯電話の電波網で情報を通信する. 電波網の圏外に動物が移動した場合は, 位置情報を蓄積し, 再び圏内に入った際にたまったデータを送信する.

型の追跡機器は, 動物に装着した機器を一定期間後に再度, 回収することでデータが得られる. 小型, 軽量で比較的安価に入手できるという長所があるが, データを得るためには回収が必須だ. 発信型はいわゆる発信器で, 人工衛星や無線通信によるものから, 近年では携帯電話網により通信する機器が主流になりつつある. 発信型の機器は何らかの電波を発信し通信を行うため, 日本国内で使用するためには, その製品が「特定無線設備の技術基準適合証明等 (通称：技適)」を取得している必要があることには注意が必要だ.

　装着する機器の重量は, 動物実験に関する倫理的配慮の観点から, その鳥の体重の 3～4% 以下となっている. しかし種によって機器装着に対する感受性が異なるため, 機器の重量や装着方法などを慎重に検討する必要がある. また装着後, 嘴等で壊されてしまうこともあるため, 一定の強度も必要となる. 研究で必要なデータに加え, 調査対象や類似種への装着実績などを吟味し, 装着の影響を最小限に抑え, かつデータを効率的に得られるよう機器を選定することが重要である.

7.2.3　北極圏へと渡るガン類の追跡

　湿地に飛来する渡り鳥といえば, 水鳥が目につくだろう. 筆者はその中でもガン類に注目して研究を行っている. 近年, 追跡機器の進化とともに様々な種

で渡り追跡が行われているが，捕獲が困難な種や発信器装着の影響を受けやすい種などを中心に，まだ多くの鳥で渡りは謎に包まれている．東アジアに生息するガン類の中では，コクガンが最も渡りに関する知見が乏しい種である．東アジアで越冬個体群は8700羽と推定されているが，そのほぼ全数の8600羽が秋の渡り時期に北海道東部の野付湾とその周辺に渡来する．一方，日本国内の越冬数は2500羽にとどまっており，残りの6000羽の越冬地が不明となっている．さらには繁殖地もわかっていない．このコクガンの謎を解くため，筆者らは2017年から発信器装着による追跡を行っている．

2014年に宮城県の越冬個体群を対象に衛星発信器によるコクガンの追跡が試みられ，春の渡りルートの一部が解明された[1]．一方，コクガンの渡りルート全貌，つまり繁殖地に加え，6000羽が越冬する未知の生息地を解明するためには，それらが飛来する「秋の渡り時期の野付湾のコクガン」を捕獲し，追跡することが必要である．鳥を捕獲するには行動や生態を注意深く観察し，それぞれの種，場所に合った方法を考える必要がある．筆者らは下見を含め1年間に及ぶ捕獲方法検討の末，2017年11月に野付湾で初めてのコクガン捕獲に成功し，追跡を開始することができた（図7.1）．その後，2022年現在まで追跡プロジェクトを継続し，秋には野付半島から北朝鮮東海岸に渡る個体がいること，春には北海道からオホーツク海北岸を経由し，内陸を渡って北極海のシベリア東部沿岸に位置するノヴォシビルスク諸島まで渡る個体がいることが明らかとなった（図7.2）．

図7.1 首に発信器（矢印部分）を装着したコクガン

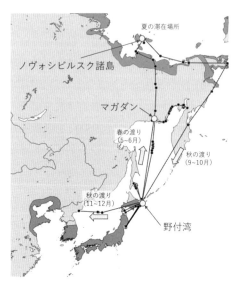

夏の滞在場所

ノヴォシビルスク諸島

マガダン

春の渡り
（5〜6月）

秋の渡り
（9〜10月）

秋の渡り
（11〜12月）

野付湾

図7.2　追跡により明らかになったコクガンの渡り経路の一部（文献2）を改変）

7.2.4　追跡とその後のアクションの重要性

　追跡が成功したら「ミッション完了！」だろうか．多くの場合は，次の取り組みの始まりとなる．冒頭に示したように，渡り鳥は渡り経路上の生息地が健全でなければ渡りを完遂できない．そのため追跡結果をもとに，渡り鳥が利用する湿地の生息状況や保全状態を調べ，保全に向けたアクションをとることが重要である．中には，これまで知られていなかった〝新″生息地の発見につながることもある．

　コクガン追跡調査では，春の渡りで北海道を出発した後，最初に到達するのがオホーツク海北岸のロシア・マガダン州沿岸部であることが明らかになった．しかしこの地域のコクガン生息状況は既存文献からはほとんど得られず，生息状況や保全状態は不明であった．そこで2021年5〜6月に，ロシア科学アカデミーの研究者と協力し，現地調査を実施した．発信器個体が利用した場所を中心に探すことで，春の渡り時期にはマガダン周辺の沿岸約120 kmの範囲に，数十〜数百羽単位の比較的小さな群れで河口部や沿岸湿地に点在していることが明らかになった．さらにその一部は，国際的に重要な湿地（その種の地

域個体群の1%以上が利用する）の基準を満たしていることがわかった．今後，現地研究機関や国際会議等を通じて重要性を啓発し，持続可能な利用を促していくことが重要となる．

コクガンの追跡は，いまだ繁殖地や中国大陸における越冬地が不明であるなど，研究の途上にある．今後も追跡調査を継続し，その結果明らかになった知見をもとに，生息地の保護推進へと活動を展開していきたいと考えている．

「渡り鳥はどこからやってくるのだろうか？」

私たちは，その疑問にこたえる術を手に入れつつある．これからも研究成果をもとに渡り鳥を守るための輪を広げていきたい． 〔澤　祐介〕

引用文献

1) Shimada, T. *et al.* (2016)：Satellite-tracking of the spring migration and habitat of the Brent Goose *Branta bernicla* in Japan, *Ornithol Sci*, **15**, 37-45.
2) Sawa, Y. *et al.* (2020)：Migration routes and population status of the Brent Goose *Branta bernicla nigricans* wintering in East Asia, *Wildfowl* (Special Issue No.6), 244-266.

7.3　環境ＤＮＡ

7.3.1　環境DNA調査法

湿地性の生物をはじめ，ある生態系に生息する生物の種類や，様々な種から成り立つ生物群集の状況を知るために，まずはそこにどんな生物種が生息しているか？　という基本的な分布情報が必要となる．これらの情報は，生物多様性や希少種の保全，外来種の駆除などを検討するための重要な情報になるが，これらのデータを取得することは，実際に生物の捕獲や目視を行う必要があるため，大変な労力を伴うことが多く，大規模な生息調査を展開することは難しいとされてきた．

そこで，近年，環境中（水や土壌など）に存在する大型生物に由来するDNA，環境DNAによって生物調査を行う方法が開発されている[1]．環境DNAは生物の排泄物や，皮膚片，粘液などから水や土壌などの環境中に放出されると考えられており，この環境DNAを分析することにより，生物の生息状況を知ることができる[1]（図7.3）．

図 7.3　環境 DNA
水中に存在する DNA 断片.

7.3.2　環境 DNA 手法の概要

　水域生態系での環境 DNA 分析においては, 採水した水試料から環境 DNA を取り出してそれを解析する必要がある. 詳細は環境 DNA 学会マニュアル[2] に詳しい解説があるので, 参照にされたい. 環境 DNA 手法には主に以下の 4 つのステップがある. a. 採水, b. 濾過, c. DNA 抽出, d. 測定である. 特に, 環境 DNA は非常に希薄なものを扱う上に, 水中, 空気中などにも存在するため, これらの調査や実験の際に最も気をつけることは, 場所やサンプル間におけるDNA の混入汚染である. そのための対策などについては, 前述のマニュアルを参照されたい.

a.　採　水

　採水はポリビンやバケツなどを使って, 100〜1000 mL の採水を行うことが多い. 特に湿地では水位が低いため, 主に表層水が取り扱われることが多い. これら採水用具については, 場所やサンプル間の DNA の混入を避けるため, 採水ごとに次亜塩素酸 0.6% で洗浄し DNA を除去する必要がある.

b.　濾　過

　濾過については, 様々な手法が提案されているが, 環境 DNA 学会マニュアルにおいては, ガラスフィルター (GE ヘルスケア, GF/F, メッシュサイズ : 約 0.7 μm), もしくはステリベクスというカードリッジタイプのフィルターで濾過することが記載されている. 濾過自体は, 真空ポンプやアスピレーターに濾過ファネルを接続したものなど, 一般的な濾過機器を用いることができる. また, ステリベクスでは, 現場にシリンジ (50 mL など) を持参して, ステリベクスと接続することでその場で濾過し, RNAlater などを入れて保存して持

ち帰ることも可能である[2].

c. DNA 抽出

ガラスフィルターやステリベクスから DNA を抽出したのち，市販のキット（キアゲンの DNeasy Blood and Tissue kit）を使って精製する[2]．特に野外のサンプルは，分析に必要な PCR 反応を阻害する物質が多く含まれており，キットによる精製は不可欠である．

d. DNA の測定

抽出・精製された DNA サンプルの測定については，リアルタイム PCR による種特異的解析，もしくはメタバーコーディングによる網羅的（群集）解析を使って行われることが多い．

リアルタイム PCR とは，サンプルの DNA を PCR によって増幅する過程を蛍光色素がついたプローブを用いて検出するものである．リアルタイム PCR により，ある特定の種を検出するには，他種の DNA を同時に PCR 増幅しない，種特異的なプライマープローブセットが必要である．リアルタイム PCR によって DNA が検出できたものは，そこにその種の環境 DNA が存在したと判断する．リアルタイム PCR では，標準 DNA を入れることで DNA の定量が可能であり，それによって個体数や生物量などの推定に用いることも可能である．

環境 DNA メタバーコーディングでは，サンプルの DNA をユニバーサルプライマーによって，ある生物群（例えば魚類では MiFish プライマー[3]）を網羅的に増幅する．その PCR 産物について，超並列シークエンサを用いて配列を解読し，データベースと照合することで，生物種を網羅的に特定する手法である．

7.3.3 湿地性希少種ヒメタイコウチへの種特異的検出の応用

ヒメタイコウチ（*Nepa hoffmanni*）は，兵庫県や東海地方で絶滅危惧種に指定されている．しかし，採捕調査は困難であり，生息確認には多大な時間やコストがかかるのが課題である．そこで，Doi ら[4]では，ヒメタイコウチに特異的な DNA 断片を増幅・定量できるリアルタイム PCR 法を利用した野外調査を行い，生息地を調査した．14 カ所の湿地および細流で水をそれぞれ 1 L 採水し，同時に，10 分間の捕獲調査でもヒメタイコウチの生息個体数を調べた．自ら DNA を検出した結果，ヒメタイコウチが捕獲された 5 カ所すべてで，ヒメタイコウチ DNA が検出され，生息が確認できた．また，捕獲調査で見つからな

かった4カ所において環境DNAで生息が確認できた．ほかにも湿地性の生物として甲殻類のニホンザリガニ[5]や両生類のサンショウウオ[6]などへの活用も進んでいる．

7.3.4　湿地生態系での環境DNAメタバーコーディング例

湿地生態系においても環境DNAメタバーコーディングが行われた例が多くある．例えば，Fujiiら[7]では，北海道石狩川流域に分布する旧川や後背湿地32カ所について，MiFishプライマーによって魚類群集を解析した．その結果，捕獲確認された魚種の85％にあたる22種類の魚類DNAを検出した．よって，環境DNAメタバーコーディングにより，旧川群全体の魚類相の傾向を概ねとらえることはできた．メタバーコーディングを魚類相調査に活用する場合には，従来の捕獲調査と併用することで，精度の高い魚類相調査を行えると考える．

7.3.5　湿地生態系での環境DNA手法

紹介した事例のとおり，環境DNA手法は湿地生態系の生物群集や希少種の分布把握に有用であることがわかる．特に湿地は，水深も浅く採捕調査による攪乱の影響を強く受けると考えられる．そのような生態系において，少量の水を採水するだけで調査が行える非侵襲的な調査手法である環境DNA調査は，生物を保全しつつ，効率的に調査するための手法としての活用が期待される．

〔土居秀幸〕

引用文献

1) 土居秀幸・近藤倫生編（2021）：環境DNA―真の生態系の姿を読み解く，共立出版．
2) 環境DNA学会（2020）：環境DNA：実験マニュアル．
   https://ednasociety.org/manual/（参照 2022年4月21日）
3) Miya, M. *et al.*（2015）：MiFish, a set of universal PCR primers for metabarcoding environmental DNA from fishes：Detection of >230 subtropical marine species, *Royal Society Open Science*, **2**, 150088.
4) Doi, H. *et al.*（2017）：Detection of an endangered aquatic heteropteran using environmental DNA in a wetland ecosystem, *Royal Society Open Science*, **4**, 170568.
5) Ikeda, K. *et al.*（2016）：Using environmental DNA to detect an endangered crayfish *Cambaroides japonicus* in streams. *Conservation Genetics Resources*, **8**(3), 231-234.
6) Katano, I. *et al.*（2017）：Environmental DNA method for estimating salamander distribution in headwater streams, and a comparison of water sampling methods, *PLOS ONE*,

12(5), e0176541.

7) Fujii, K. *et al.* (2019)：Environmental DNA metabarcoding for fish community analysis in backwater lakes: a comparison of capture methods, *PLOS ONE*, **14**(1), e0210357.

7.4 衛星データを用いた湿地の観測

7.4.1 衛星データの利点

　自然環境やそれを支える生態系の変化を理解するためには，現地調査による基礎的なデータ収集とその蓄積が重要であることは言うまでもないが，湿地のような広大で内部に立ち入ることが難しいことの多い場所においては，衛星データの利用が効果的な場合がある．衛星データは，太陽から放射されて地表に到達した可視域〜近赤外域〜中間赤外域の光反射と，地表面からの熱放射を観測する受動型（パッシブ）センサーと，センサー自身がマイクロ波やレーザーを照射し，地表で反射したものを観測する能動型（アクティブ）センサーの2種類のデータに大別される．前者は多数の波長の反射・放射光を同時に観測できる一方，対象範囲が雲に覆われていると地表面が観測できないといった特徴があり，後者は観測が気象条件に依存しないものの，ほとんどが単波長・単偏波の観測しかできず，得られる画像はモノクロであり情報量が限定的といった特徴がある．これらの特徴を生かして，前者は異なる波長の反射・放射強度を組み合わせた指標を使った土地被覆分類あるいは植生変化の観測に，また後者は雨天時を含めた地表面の土壌水分量や氾濫域の観測などに用いられている．ここでは，受動型センサーが観測する衛星データを対象として，湿地の観測手法に関する理論や代表的な衛星データ，そして地表面の特徴を抽出する基礎的な指標と適用例について紹介する．

7.4.2 衛星データによる湿地観測の理論

　地表面を構成する主な物質（水・植物・土壌）の標準的な反射率のスペクトル分布を図7.4に示す．反射率とは，太陽から放射される光強度に対する地表面が反射する光強度の割合のことである．植物は近赤外域の反射率が他の2種と比べて高く，活性度などに応じて値が大きく変化する．波長1400 nmと1950 nm付近に見られる反射率の谷は，植物に含まれる水分による光吸収を表

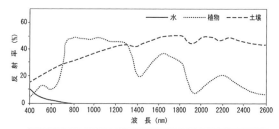

図7.4　水・植物・土壌の標準的な反射スペクトルならびに代表的な衛星データとその観測波長帯

しており，植物が乾燥していると谷は緩やかになる．水は他の2種と比べて反射率が全体的に低く，最大でも10%程度である．また，近赤外域を含む長波長帯の反射率はほぼ0%であり，これは太陽から放射される同波長帯の光を水が吸収するためである．また，土壌は可視域から近赤外域，そして中間赤外域にかけて反射率が増加する特徴をもつ．このように，地表面の物質はそれぞれ固有の反射特性をもつことから，複数の波長帯の反射率を組み合わせることで，湿地の特徴を抽出することが可能となる．

7.4.3　湿地の観測に有用な衛星データ

　地球観測衛星には多くの種類があり，調査範囲や調査対象，そして研究資金などを考慮した上で目的に合った衛星データを選ぶことが重要である．その際の基準は主に運用期間，観測周期，解像度（1画素のサイズ），観測波長帯の幅と数，そして量子化ビット数（反射・放射強度の分解能）である．例えば，日本の湿地の多くは小〜中規模であることから，解像度は数十 m 以下であることが望ましい．このような衛星データの多くは運用機関のウェブサイトから無償

で入手できる．一方，民間企業が運用する商用衛星は解像度が数 m と非常に細かいものの基本的に有料で，観測対象範囲が広いほど高額になる．

図 7.4 に代表的な中解像度衛星データの解像度と観測波長帯（以下，バンドと称する）を示す．米国が運用する Landsat シリーズは可視〜中間赤外域に 6〜9 バンドを有し，空間分解能が 30 m（一部は 15 m 程度）で，16 日周期で同じ場所を観測する．1982 年から現在までの過去 40 年間（一部の期間を除く）の衛星データが蓄積されていることから，長期の環境変化の観測を可能とする．日本が運用する ALOS/AVNIR-2 は可視〜近赤外域に 4 バンドを有し，観測周期が 46 日と長いものの解像度が 10 m と Landsat シリーズよりも高く，2006 年から 2011 年までの衛星データが揃っている．後継機の ALOS-3 は 2023 年以降に打ち上げ予定で，搭載予定のセンサーは可視〜近赤外域に 7 バンドを有し，観測周期が 35 日，解像度が 3.2 m（一部は 0.8 m）と性能が飛躍的に向上している．欧州連合（EU）が 2015 年に打ち上げた Sentinel-2/MSI は近年の衛星データの中でも湿地の観測に最も有用で，可視〜中間赤外域に 13 バンドを有し，空間分解能は最小 10 m，2 機の同時運用により 5 日の観測周期を達成している．

7.4.4 衛星データ解析のための基礎的な指標とその実例

衛星データ解析の第一歩は，異なるバンドの反射強度（または反射率）を組み合わせた指標を用い，対象となる地表面の特徴を抽出することにある．正規化植生指数（Normalized Difference Vegetation Index：NDVI）は最も有名な植生指数の 1 つで，植物の量や活性度の目安となる．植物の緑葉が赤の波長帯（約 600〜700 nm）の光を強く吸収する（反射強度が低い）ことと，近赤外域の光を強く反射する（反射強度が高い）特徴を利用し（図 7.4 参照），以下の式のように反射強度の差分を正規化したものである．NIR と Red はそれぞれ衛星データの近赤外バンドと赤バンドの反射率である．

$$\text{NDVI} = (\text{NIR} - \text{Red}) / (\text{NIR} + \text{Red})$$

NDVI は -1 から 1 までの値をとり，植物の活性度や生育密度が高いほど値が高くなる．同様に，水や土壌を対象とした代表的な指標として，正規化水指数（Normalized Difference Water Index：NDWI）および正規化土壌指数（Normalized Difference Soil Index：NDSI）がある．NDWI は近赤外域を含む長波長側において水の反射強度が低い特徴を利用した指標であり，NDSI は中間赤外域

において土壌の反射強度が高い特徴を利用した指標である（図 7.4 参照）．それぞれ以下の式で計算できる．なお，NDWI は可視域，近赤外域，中間赤外のバンドを組み合わせた様々な計算式が提案されているが，ここでは沿岸湿地の研究に用いられている赤バンドと中間赤外バンド（SWIR）の組み合わせによる NDWI[2] を紹介する．

$$NDWI = (Red - SWIR) / (Red + SWIR)$$

$$NDSI = (SWIR - NIR) / (SWIR + NIR)$$

解析例として，Sentinel-2b/MSI が撮影した 2019 年 9 月 27 日の釧路湿原の画像から NDVI，NDWI，NDSI をそれぞれ計算した結果を図 7.5 に示す．画像は欧州宇宙機関（ESA）のウェブサイト[1] から無償でダウンロードできる．湿原とその周辺部を比較すると，NDVI が高い場所は主に森林で，湿原は森林よりもやや低い値に見える．NDWI は森林よりも湿原のほうがやや高く，海域や湖沼はより高い値を示す．NDSI は湿原で高いものの，湿原の南にある市街地

図 7.5　釧路湿原の範囲（左上）および 2019 年 9 月 27 日の Sentinel-2 データから解析した NDVI（右上），NDWI（左下），NDSI（右下）

のほうがより高い．さらに，湿原の中でも各指標で微弱な高低が認められ，植物の活性度や植物相，密度，水分量などの違いを表している可能性がある．これらの解析結果が何を意味するのかを理解するためには，グランドトゥルース調査で得られたデータと比較することが重要であり，必要に応じて統計学的な手法などによりさらに解析を進めることが，衛星データ利用の基本となる．

〔尾山洋一〕

参考文献

1) 欧州宇宙機関（2014-2022）：Copernicus Open Access Hub. https://scihub.copernicus.eu（参照 2022 年 2 月 25 日）
2) Rogers, A. S. and Kearney, M. S.（2004）：Reducing signature variability in unmixing coastal marsh Thematic Mapper scenes using spectral indices, *International Journal of Remote Sensing*, **25**(12), 2317-2335.

終章

科学と実践の両輪で守る

1 水辺（湿地）と向き合う科学の目

　水辺（湿地）とは水が存在するあらゆる場である．人と生き物にとって水は足りなくても多すぎても（災害）困る．循環という「環」がうまくはたらいていなければならない．また水中の栄養が多すぎても（汚れすぎていても），少なすぎても色々と都合が悪い．生物のもつ浄化力がそこにバランスよく作用していなければならない．塩を除けば私たちが口にする食料はすべて生物であり，生命の維持に一時でも水を絶やすことはできない．そして私たちは水辺（湿地）から多くのものを得て生存し社会を営んでいる．この身近だがどこか気難しい水辺（湿地）をあらゆる角度から扱ったのが本シリーズである．第3巻ではフィールドを舞台にした調査・計測・データ分析と評価，そしてそれに基づく保全管理と再生をテーマに，主に自然科学の視点からできること，考慮し留意すべきことなどを，経験豊かなエキスパートによって解説と事例をもとに実践的に語っていただいた．以下，第3巻の内容をキーワードに触れながら概観する．なお本文にならって「水辺（湿地）」を「湿地」と表現する．

　第1章では湿地の保全と管理について，まず目指す目標やモニタリングの考え方を解説している．ここでは常に湿地の応答が不確実であることを認識し，フィールド科学に基づく試行錯誤ともいえる"順応的管理"の重要性を述べている．難題である外来種や貴重種への対応についても事例を交えて解説し，これらを指標とするだけではなく，地域に恵みをもたらす種や地域の文化と関わる種に注目することで人々の理解と関心を引き寄せうる提案もされている．また流域の視点と合意形成の重要性に加えて，保全管理における情報の扱いと拠点施設（ビジターセンター等）について，その意義と期待される効果，留意すべきこと，インタープリテーションへの活用のポテンシャルが述べられている．そして2つの好事例を紹介している．1つは天然記念物となっている葦毛湿原

（愛知県）で，地域の人々の手による大規模復元の実践である．埋土種子を生か す手法が考古学の発掘調査から編み出された点がユニークで，他地域のモデル にふさわしい．もう1つの北海道のキウシト湿原では，市民活動が行政を動か し，都市計画の中でビジターセンターを含む都市公園となった．水文環境回復 のための順応的な実践力が特筆される．これらの事例に加えて，人との関係と いう点からヨシ焼きの意義や取り組みも概説している．

　第2章では湿地の再生に焦点を当てて，生物多様性の動向と自然再生につい て概説した後，様々なタイプの湿地での事例を紹介している．いずれも科学に 基づいて"現在も続けられている"試行錯誤を語ったものであるが（そもそも 再生に完成形はないが），これからの湿地再生の進む方角を指し示す羅針盤たる 新しい動きが各事例に埋め込まれており，現場で実践に取り組む方々に多くを 示唆しヒントを与える事例である．再生への行動は必ずと言っていいほど新た な課題を生み出すが，それが次の一歩への動力源となっている．遊休農地と潮 止堤防を生かした干潟再生（三重県），海水導入で再生を果たしたラグーン（イ ンド），湖岸帯の再生（琵琶湖），治水対策と湿地再生（北海道ウトナイ湖周辺）， 伝統的土地利用を生かした管理プロジェクト（イラン），各地の遊水地で様々な 生態系サービスを引き出しさらに質を高める取り組み，地域の人々とともに水 田を湿地に再生した例（宮城県・熊本県），氾濫原で土木工学と応用生態学を組 み合わせた試み（兵庫県），都市での実践的試み（京都市）である．これらは持 続的に恵みを享受し続けることが持続的な地域づくりにつながることを論じて いる．まさにSDGsに通じるものである．

　第3〜7章は調査・計測をテーマに，実践的視点から手法の特徴と理論，留意 点などを，事例を交えながら解説している．いずれも多様な環境に応じて行わ れるもので，本書では入口としての基礎知識と概説を述べており，詳細はそれ ぞれの専門書に委ねたい．第3章では湿地生物の調査方法として，植物／植生 調査，野鳥調査，魚類・水生生物調査を紹介し，第4章では物理的・化学的環 境の計測方法として，熱および光に関する微気象環境，水位・土壌水分・河川 流量・水収支といった水環境，土壌環境と温室効果ガスについて紹介している． いずれも何のために物理的・化学的環境を計測するかによって手法が異なるこ とに触れ，代表的手法を丁寧に説明している．特に水収支を含む水文環境の理 解は湿地の保全管理と再生において極めて重要であり，流域も視野に入れた総

合的な計画づくりや計測項目の選定についても言及している.

　第5章では人や地域社会を対象とした社会調査について, インタビューや参与観察等の質的調査, アンケートなどの量的調査を, その意味・考え方・進め方・手法・事例にわたって解説している. 第6章は地理学的視点から湿地をとらえることの大切さとともに, 地形・地質・面積などの立地環境の把握についてどんなリソースを利用するかなどを具体例に紹介して解説し, さらに湿地の過去からの履歴の把握方法や, 湿地目録 (インベントリ) 作成の意義と項目の例示などを, 難しさや課題とあわせて実例を使って説明している. いずれも湿地の保全管理と再生を望ましい方向に進めていくための方策立案と合意形成に向けて重要である. 最後に第7章では, 最新のテクノロジーを生かした調査について概要と理論・手順・留意事項を平易に解説した上で応用事例を紹介している. 具体的にはドローンとカメラ, バイオロギングによる水鳥のGPS追跡, 環境DNA, 衛星画像であり, どれも今後の期待値は大きい. これらは単なる技術として活用するのではなく, 目的・計画・設計・データ取得・分析・評価という一連のプロセスが重要となってくる. そしていずれもグランドトゥルース (現地調査) が不可欠である.

　科学的アプローチは保全管理と再生を実行する上で不可欠であり, 調査・計測・評価と活用等においては, 目的に応じたデザインや様々な要素の考慮, 柔軟な再検討など, 常に統合的な視点が求められる. このことはSDGsにおいてもまったく同様である. 本書を活用いただき, 考えるべきこと, 留意すべきこと, 湿地と関わる新たな知見を得ていただければこの上ない喜びである.

2　水辺 (湿地) を守るということ

　水辺 (湿地) を保全する理由は, 個々の水辺 (湿地) にバラバラに存在するものではなく, ましてやその足し算にとどまらない. 私たちは, 1つを失うことは, それに続く大きなものを失うに等しいことを, 自然の恵みを手放してきた経験から学んできた. SDGsのフレーズを借りれば"どれ1つ失ってはならない"ということになるが, 現実に人と自然が共生する世界を目指す中で, 時には手戻りしながらも各地の水辺 (湿地) における努力と挑戦がつながり, また広い視野でとらえることで, 個々の水辺 (湿地) の保全の意義と合理性が明

らかになってくるのではないだろうか．条約をはじめ様々な仕組みはそのための役割を果たしているといえる．

国内の取り組みを見渡すと，他の地域に勇気と可能性を与える模範ともいえる事例が多くみられる．地域経済をも再生させた宮城県の志津川湾，地域の人々との共創を実現した山形県の大山上池下池，地域の暮らしを豊かにした北海道のキウシト湿原など，いくつかは本シリーズでも紹介している．一方，海外に目を向けると，スタンフォード大学の研究チームが米国サンフランシスコ近郊で，沿岸の湿地を復元することで海面上昇への適応力と同時に自然のもつ多機能性が高まるとの成果を発表している[1]．また序章でも紹介した英国・ドイツ・カナダにおける泥炭地の再湿地化による土壌の炭素蓄積機能の向上に向けた取り組みも，脱炭素とも関わる湿地再生のダイナミックな動きである．ベトナムのある村ではレピロニア（*Lepironia*）属の水草を使った織物で収入を得ると同時に持続的に湿地を維持することでヒガシオオヅル（IUCN レッドリストに掲載）の生息地保全につながっている．

このような水辺（湿地）の保全管理と再生が，地域づくりに寄与し，地域課題や地球規模の解決につながる動きが点で始まり，それがつながって線そして政策ともリンクして面となっていく，そのプロセスが SDGs に向かうダイナミズムといえるだろう．水辺（湿地）は今実際にそこにあって向き合っているローカルでリアルな土地の問題である．そして自然／社会科学という現場では，自然と向き合って常に実践が試みられ，トライ＆エラーが繰り返されている．データを得て保全に生かし，効果を再びデータで確認するという科学と保全との両輪で走り続けなければならない．そしてそれぞれの場所や方法が違っても，互いの活動に目を向け，時には交流し連携しながら同じ方角を展望することが SDGs という未来を切り開いていくのではないだろうか．時に豊かに感動的に，時に幾分煩わしくも，水辺（湿地）という欠かせないパートナーと永い付き合いを私たちが続けていけることを願いたいと思う．　　〔高田雅之・朝岡幸彦〕

引用文献

1) Guerry, A. D. *et al.* (2022): Protection and restoration of coastal habitats yield multiple benefits for urban residents as sea levels rise, *npj Urban Sustainability*, 13.

索　引

シリーズ〈水辺に暮らす SDGs〉3

水辺を守る─湿地の保全管理と再生─　　　定価はカバーに表示

2023年4月5日　初版第1刷

監　修　日 本 湿 地 学 会

発行者　朝 倉 誠 造

発行所　株式会社　朝 倉 書 店

東京都新宿区新小川町 6-29
郵 便 番 号　　162-8707
電　話　03（3260）0141
ＦＡＸ　03（3260）0180
https://www.asakura.co.jp

〈検印省略〉

ⓒ 2023〈無断複写・転載を禁ず〉　　　　教文堂・渡辺製本

ISBN 978-4-254-18553-9　C 3340　　　Printed in Japan

JCOPY　＜出版者著作権管理機構 委託出版物＞

本書の無断複写は著作権法上での例外を除き禁じられています．複写される場合は，
そのつど事前に，出版者著作権管理機構（電話 03-5244-5088，FAX 03-5244-5089，
e-mail: info@jcopy.or.jp）の許諾を得てください．

日本湿地学会監修　高田雅之・朝岡幸彦編集代表 シリーズ〈水辺に暮らすSDGs〉1 # 水　辺　を　知　る —湿地と地球・地域— 18551-5　C3340　　　　A 5 判 148頁　本体2500円	1巻は湿地保全に関するSDGs，ラムサール条約，生物多様性条約などの関係をとりあげ総論的に解説。〔内容〕湿地とSDGs／ラムサール条約と地域／湿地をめぐる様々な国内外の政策的動向／湿地を活用した社会的課題の解決～実践例～
日本湿地学会監修　高田雅之・朝岡幸彦編集代表 シリーズ〈水辺に暮らすSDGs〉2 # 水　辺　を　活　か　す —人のための湿地の活用— 18552-2　C3340　　　　A 5 判 144頁　本体2500円	2巻は湿地と経済・ビジネス，文化，健康，教育などの関係を社会科学的な視点から解説。〔内容〕湿地を活用した地域経済の振興／湿地とビジネス／湿地と文化／湿地を活用した健康増進・社会福祉／湿地の保全・利用を支えるCEPA
日本湿地学会監修 # 図説　日　本　の　湿　地 —人と自然と多様な水辺— 18052-7　C3040　　　　B 5 判 228頁　本体5000円	日本全国の湿地を対象に，その現状や特徴，魅力，豊かさ，抱える課題等を写真や図とともにビジュアルに見開き形式で紹介。〔内容〕湿地と人々の暮らし／湿地の動植物／湿地の分類と機能／湿地を取り巻く環境の変化／湿地を守る仕組み・制度
前千葉大 斎藤恭一著 # 身のまわりの水のはなし 14110-8　C3043　　　　A 5 判 160頁　本体2700円	意外と知らない身のまわりの水のことをSDGsと関連づけて学ぶ。キーワード解説も充実[内容]ミネラルウォーター／水道水／超純水／都市鉱山水／鉱山廃水／お茶／海水／放射能汚染水／古代海水／温泉水／イオン・吸着・膜分離
熊本大 皆川朋子編 # 社会基盤と生態系保全の基礎と手法 26175-2　C3051　　　　B 5 判 196頁　本体3700円	土木の視点からとらえた生態学の教科書。生態系の保全と人間社会の活動がどのように関わるのか，豊富な保全・復元事例をもとに解説する。〔内容〕国土開発の歴史／ハビタット／法制度／里地里山／河川／海岸堤防／BARCIデザイン／他
東大 宮下　直・国立環境研 西廣　淳著 人と生態系の ダイナミクス1　農地・草地の歴史と未来 18541-6　C3340　　　　A 5 判 176頁　本体2700円	日本の自然・生態系と人との関わりを農地と草地から見る。歴史的な記述と将来的な課題解決の提言を含む，ナチュラリスト・実務家必携の一冊。〔内容〕日本の自然の成り立ちと変遷／農地生態系の特徴と機能／課題解決へのとりくみ
東大 鈴木　牧・東大 齋藤暖生・国立環境研 西廣　淳・東大 宮下　直著 人と生態系の ダイナミクス2　森林の歴史と未来 18542-3　C3340　　　　A 5 判 192頁　本体3000円	森林と人はどのように歩んできたか。生態系と社会の視点から森林の歴史と未来を探る。〔内容〕日本の森林のなりたちと人間活動／森の恵みと人々の営み／循環的な資源利用／現代の森をめぐる諸問題／人と森の生態系の未来／他
東大 飯田晶子・東大 曽我昌史・東大 土屋一彬著 人と生態系の ダイナミクス3　都市生態系の歴史と未来 18543-0　C3340　　　　A 5 判 180頁　本体2900円	都市の自然と人との関わりを，歴史・生態系・都市づくりの観点から総合的に見る。〔内容〕都市生態史／都市生態系の特徴／都市における人と自然との関わり合い／都市における自然の恵み／自然の恵みと生物多様性を活かした都市づくり
水産研究・教育機構 堀　正和・海洋研究開発機構 山北剛久著 人と生態系の ダイナミクス4　海　の　歴　史　と　未　来 18544-7　C3340　　　　A 5 判 176頁　本体2900円	人と海洋生態系との関わりの歴史，生物多様性の特徴を踏まえ，現在の課題と将来への取り組みを解説する。〔内容〕日本の海の利用と変遷：本州を中心に／生物多様性の特徴／現状の課題／人と海辺の生態系の未来：課題解決への取り組み
国立環境研 西廣　淳・滋賀県大 瀧健太郎・岐阜大 原田守啓・白梅短大 宮崎佑介・徳島大 河口洋一・東大 宮下　直著 人と生態系の ダイナミクス5　河　川　の　歴　史　と　未　来 18545-4　C3340　　　　A 5 判 152頁　本体2700円	河川と人の関わりの歴史と現在，課題解決を解説。生態系から治水・防災まで幅広い知識を提供する。〔内容〕生態系と生物多様性の特徴（魚類・植物・他）／河川と人の関係史（古代の治水と農地管理・湖沼の変化・他）／課題解決への取組

上記価格（税別）は 2023 年 3 月現在